ディープな世界遺産

平川陽一

ビジュアルだいわ文庫

はじめに

世界遺産は、「顕著な普遍的価値」を持つと認められた遺跡や文化、自然など、未来に伝えていかなければならない人類共通の貴重な財産である。

登録された世界遺産は、すべてが人類にとってかけがえのないものである。文化遺産の場合は、歴史的、芸術的、技術的価値が高いだけでなく、建造にまつわる不思議な逸話があったり、自然遺産の場合には、誕生までに驚くような背景を持つものも少なくない。

1978年に最初の12か所が登録されてから年々増え続け、ついに1000件を突破してしまった。つまり、毎週末に1か所ずつ回ったとしても20年かかってしまう。これでは、すべての世界遺産に行くのは事実上不可能である。

そこで本書では、1000件を超える世界遺産のなかから「絶対に行っておきたい」という場所を厳選して紹介することにした。

しかも、取り上げた世界遺産は単なる観光地というわけではない。宇宙人の基地があったといわれる遺跡、悲劇の舞台となった城、説明のつかない建造物、未だに発掘されない大墳墓など、一味違った場所ばかりである。

登録された世界遺産は分析や研究も進み、事実関係はすでに解明されているはずという思い込みはないだろうか。しかし、すべての知識や仮説を動員しても、なお解きされない謎も非常に多いのだ。この本は、そうしたミステリアスな世界遺産を中心に、紙上の旅を試みたものなのである。

いわゆる観光ガイドには載っていない〝ディープ〟な世界遺産の魅力をじっくりと味わっていただきたい。さまざまな角度から、遺跡が語りかけるものをキャッチし、これまでとは異なった視点で鑑賞し、自分なりの謎解きに挑んでみてはいかがだろう。

平川　陽一

西アジア・アフリカ

南北アメリカ

ディープな世界遺産　CONTENTS

ヨーロッパ

東アジア・オセアニア

世界遺産MAP

南北アメリカ

東アジア・オセアニア

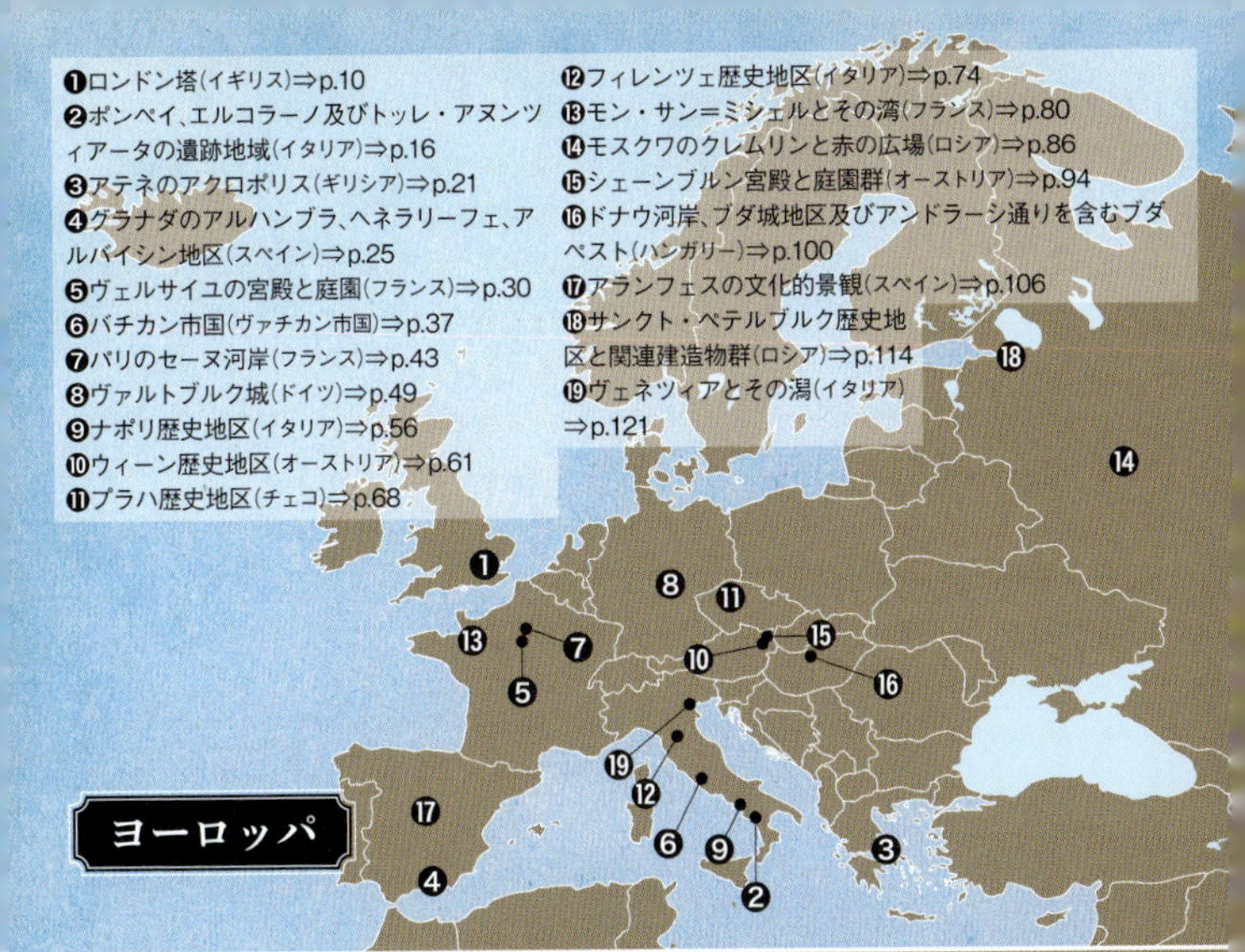

ヨーロッパ

西アジア・アフリカ

世界遺産の登録基準

各遺産にはその登録基準により、以下のような分類がなされている。①〜⑥までは文化遺産、⑦〜⑩までは自然遺産となる。

また、文化遺産、自然遺産の両方の基準で登録されたものは複合遺産となる。

①人類の創造的才能を表す傑作。
②ある期間、ある文化圏において、建築物、技術、記念碑、都市計画、景観設計の発展に大きく寄与したもの。
③現存または消滅した文化的伝統や文明に関する独特な証拠を示すもの。
④人類史上、重要な段階を示す建築様式、建築的・技術的な集合体、または景観の見本。
⑤ある文化を特徴づける伝統的集落や土地・海洋利用、または人類と環境の相互作用を示す優れた例。
⑥普遍的な価値を持つ出来事、生きた伝統、思想、信仰、芸術的作品、あるいは文学的作品と直接または明白な関連があるもの。
⑦類例を見ない自然美および美的要素を持つ優れた自然現象や地域。
⑧生命の進化や地形形成において、地球の歴史の主要な段階を示すもの。
⑨地球上すべての生態系や動植物群集の進化・発展において、重要な生態学的・生物学的過程を示すもの。
⑩学術上または環境保全上、顕著で普遍的な価値を持つ生物の自然生息地や、絶滅のおそれがある野生種のための自然生育域。

ヨーロッパ

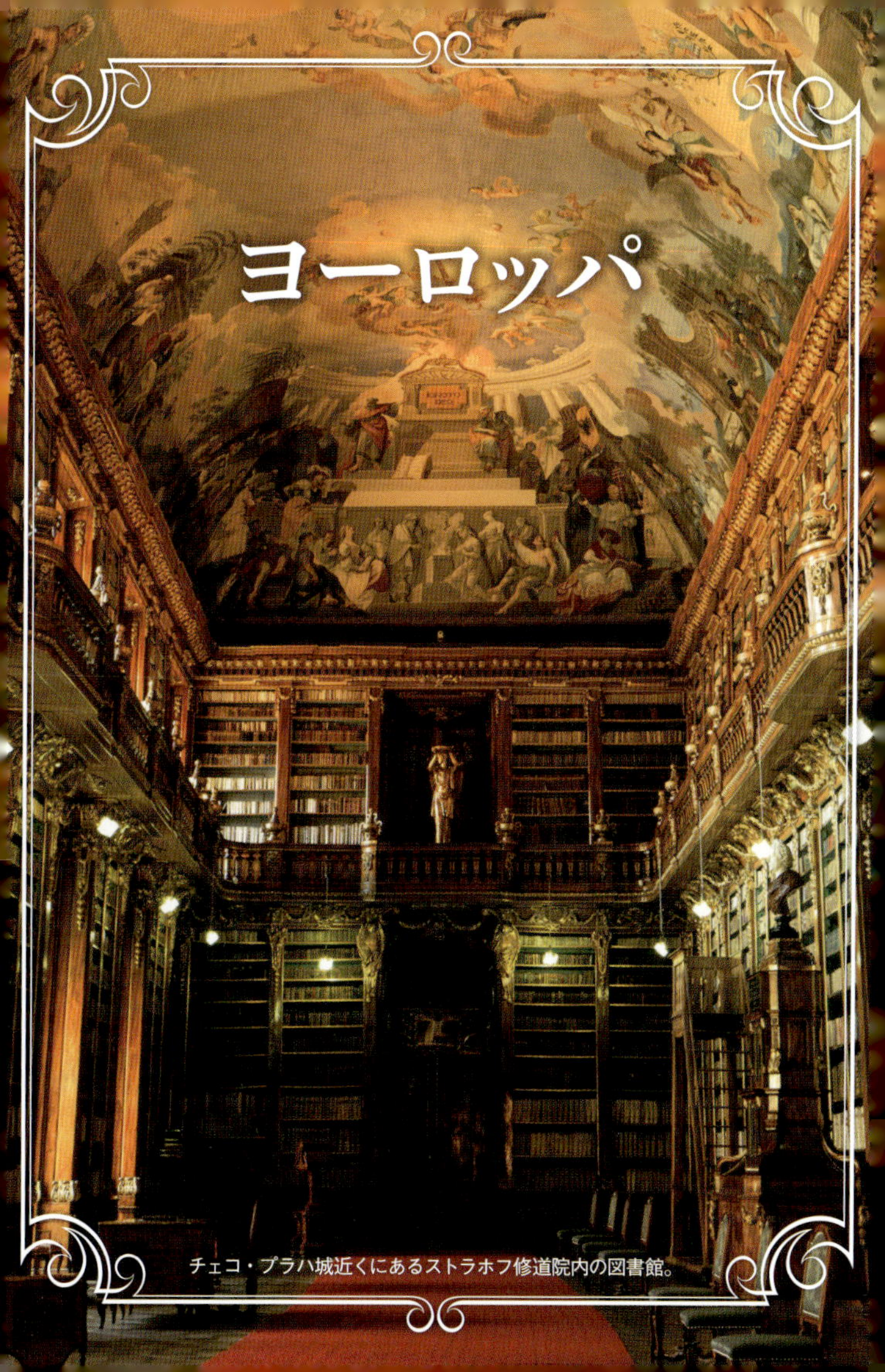

チェコ・プラハ城近くにあるストラホフ修道院内の図書館。

いまなお亡霊談が囁かれる
血塗られたランドマーク
ロンドン塔

テムズ川沿いに建つロンドン塔。11世紀に現在のイギリス王室を開いた王ウィリアム１世によって築かれた。

【登録名】ロンドン塔
【所在地】イギリス・ロンドン市内
【登録年】1988年
【登録区分】文化遺産
【登録基準】②④

あまり知られていないが、ロンドンは世界の観光客ランキングのトップを争う都市である。その数は、東京を訪れる観光客数の約4倍に上る。そうした観光客のお目当てといえば、バッキンガム宮殿、大英博物館、ビッグベンである。なかでもテムズ川の岸辺イースト・エンドに築かれた中世の城塞《じょうさい》ロンドン塔は、イギリスで「ゴー・トゥ・ザ・タワー（ロンドン塔へ行く）」といえば、「物見遊山に行く」という意味になるほどの観光地である。だが、初めて訪れた観光客のなかにはガッカリする者も少なくない。なぜなら塔とは名ばかりで、そびえ立つものがそこには見られないからだ。

ロンドン塔が観光客を裏切っている点がもう一つある。それは、明るい観光地となっている現在からは考えられないほど、暗黒の歴史を抱えているという点である。

ロンドン塔は、イングランドを征服したウィリアム1世が造った要塞だった。主要部

分が完成したのは1098年。その後、国王が居住する宮殿として使われるようになり、全盛期には城壁内に造幣所、天文台、銀行、さらに動物好きで知られたヘンリー3世が住んだ頃には動物園まであったという。やがてロンドン塔は1282年から身分の高い政治犯を幽閉、処刑する監獄としても使用されるようになった。そして、それ以降は、彼らを拷問したり処刑する場となったのである。

妻を次々に幽閉し、処刑したヘンリー8世

ロンドン塔の血塗られた歴史のなかでも最も有名なのは、ヘンリー8世の暴挙だろう。父の死によって1509年に即位したヘンリー8世は無類の女好きだった。彼は喪中にもかかわらずキャサリン・オブ・アラゴンと結婚する。

当初は仲むつまじかった二人だが、ヘンリー8世はキャサリンに結婚の無効を言い渡し、すでに彼の子を妊娠していたアン・ブーリンを1533年に王妃に迎えたのである。ちなみに、ブーリンはキャサリンの侍女だった。

当時、ローマ教会は離婚を許していなかった。にもかかわらず、ヘンリー8世が離婚と再婚を強行したため、ローマ教皇クレメンス7世は破門状を送付。すると、ヘンリー

8世は「国王をイングランド国教会の長とする」という「国王至上法」を発布した。ところが、かつて大法官を務めたこともあったトマス・モアがこれに反対。彼は査問委員会にかけられた後、反逆罪とされて1534年にロンドン塔に幽閉。翌年に斬首された。

ローマ教会と訣別までしてブーリンと結婚したヘンリー8世だったが、1533年に生まれた子が女子だったことから激怒。わずか2年後に国王暗殺の容疑、および不義密通を行なったとして死刑判決を下し、1536年5月19日にロンドン塔にてブーリンは斬首刑に処せられた。

すると、その処刑の翌日、ヘンリー8世は、やはりキャサリンの侍女として仕えてい

（上）ヘンリー8世の肖像。400年間にわたりイギリス王室の住まいだったロンドン塔は、時の王である彼によって、監獄に姿を変え、数々の悲劇の舞台となった。
（下）アン・ブーリンの肖像。ロンドン塔の処刑場だった場所には、彼女の名を記した記念碑が立っている。

たジェーン・シーモアとの婚約を公表。その2週間後に正式に結婚した。1537年10月12日、ジェーンは難産の末に待望の男子（後のエドワード6世）を出産したが、産後の肥立ちが悪く10月24日に死亡した。

肖像画が似ていないという理由で処刑された者も

それから3年後の1540年、ヘンリー8世はアン・オブ・クレーヴズと4度目の結婚を果たした。しかし、この結婚はわずか半年しか続かなかった。

彼がアンを妃《きさき》に迎えるきっかけになったのは、家臣トマス・クロムウェルが持ち込んだ彼女の肖像画に一目惚れしたからだった。しかし、実際のアンはその肖像画とは似ても似つかない容姿だったという。怒り狂ったヘンリー8世は、ロンドン塔でクロムウェルを斬首。肖像画を描いたホルバインまでも追放処分にされたという。

ヘンリー8世はその年のうちにアン・ブーリンの従妹キャサリン・ハワードと再婚。キャサリンは、ヘンリー8世とは30歳も年が離れていた。当初、彼はキャサリンを愛したが、側近に「キャサリンは従兄弟のトマス・カルペパーやフランシス・デラハムらと密通しております」と聞かされると激怒。「不義密通」の罪で逮捕され、1542年にやはりロンドン塔で処刑された。

今もロンドン塔内部にはアン、キャサリン、ジェーンらの首が落とされた処刑場跡が残されており、塔内の土には、数えきれない囚人たちの血が染み込んでいる。

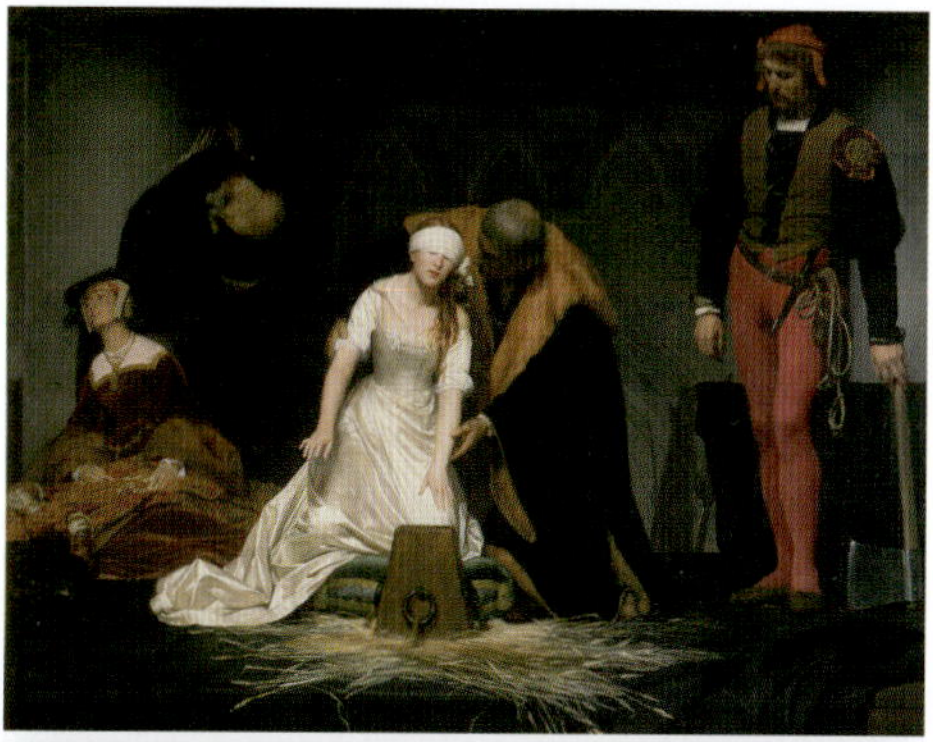

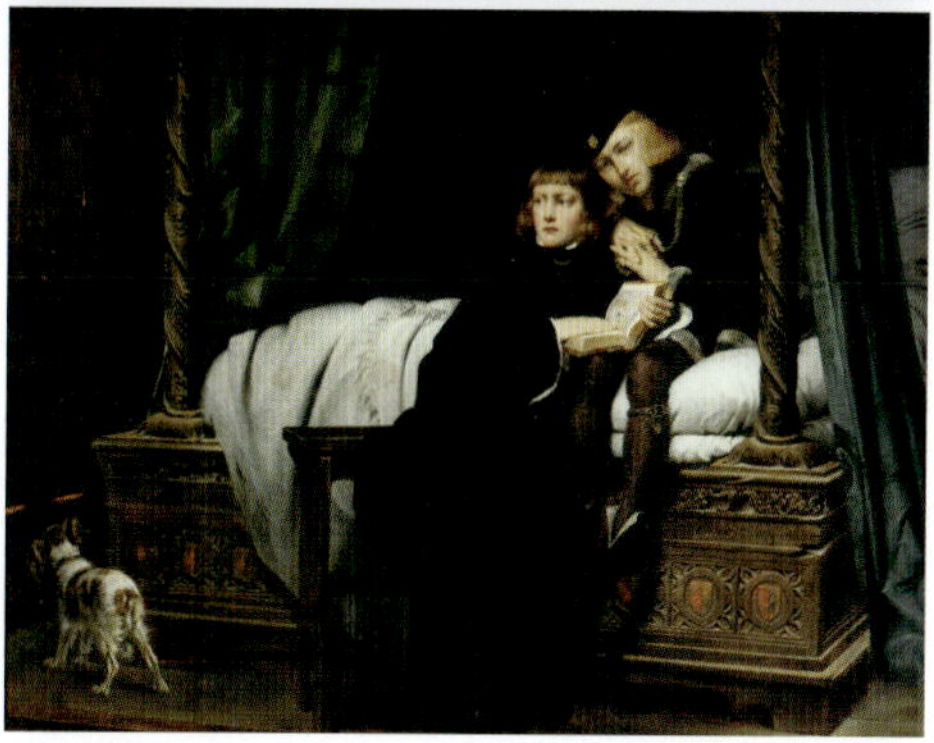

（上）レディ・ジェーン・グレイはヘンリー７世の曾孫という血筋で王位継承闘争に担ぎ出されたが、わずか９日で、メアリに王位をはく奪され、ロンドン塔に幽閉。16歳で首を切られてしまう。ドラローシュ画『レディ・ジェーン・グレイの処刑』には処刑直前の様子が描かれている。

（下）ドラローシュ画『ロンドン塔の王子たち』。エドワード４世の死後、まだ12歳だったエドワード５世が即位。しかし、その３か月後には議会が王位継承を無効と決議し、エドワードと弟のリチャード（10歳）はロンドン塔に囚われの身に。扉の下の細い隙間に暗殺者の影が映り、犬がそちらを見ている。王位を狙う叔父のリチャード３世が暗殺を命じたのだ。

1600年もの間、灰下に眠り続けた「ローマ文明の縮図」ポンペイ

ベスビオス火山を背景に立ち並ぶフォロ（公共広場）の列柱廊跡。

【登録名】ポンペイ、エルコラーノ及びトッレ・アヌンツィアータの遺跡地域
【所在地】イタリア・ナポリ近郊
【登録年】1997年
【登録区分】文化遺産
【登録基準】③④⑤

ポンペイは、かつて存在したローマ帝国の植民都市である。紀元79年8月24日に町の北西にあるベスビオス火山が大噴火を起こし、翌日に発生した大火砕流がすべてを埋め尽くしてしまったことで知られる。この町とベスビオス火山の噴火を題材にした小説がイギリスの作家エドワード・リットンの『ポンペイ最後の日』である。

当時、ポンペイの市民たちは大僧正アーベイシーズの妖術によって支配されていた。そのアーベイシーズを倒そうとポンペイに乗り込んだ青年貴族グローカスは、逆にアーベイシーズに捕らわれ無実の罪を着せられてしまう。グローカスは円形闘技場（コロッセウム）に引き出され、腹を空かせたライオンの餌食《えじき》にされることになった。ところが、なぜかライオンたちはうろたえるばかりでグローカスに襲いかかろうとしなかった。

市民たちは「グローカスが無罪だからこそ、ライオンが襲いかからないのだ！」と騒ぎだし、アーベイシーズの悪を悟る。そのとき突然ベスビオス火山が大噴火を起こし、灰や火山弾が降り注ぎ始めた。大混乱のなか、グローカスはアーベイシーズを討ち取り、辛《から》くもポンペイからの脱出に成功する――というあらすじだ。

もちろんフィクションだが、腹を空かせたライオンがグローカスを前にしてうろたえたというのは、真実味のあるストーリーだ。なぜなら動物は地震などの大きな天変地異を予知できるといわれており、その類《たぐい》の話は阪神・淡路大震災や東日本大震災でも耳にしたはずだ。つまり、ライオンはこのときすでにベスビオス火山が噴火することを知っており、普段とは異なる行動をとったのだとリットンは読者に伝えたかったのだろう。

火山灰のなかで蒸し焼きになった人々の石膏像

実際にポンペイで起きた火砕流は、小説をはるかに超える恐ろしいものだった。

当時のポンペイの人口は1万人弱と推定されるが、噴火の直前に地震が頻発していたためにローマに逃げていた者もいた。しかし、市内に残り、火砕流から逃れることができた者は一人としていなかった。現在、推定される火砕流の速度は時速100キロ以上。瞬く間にポンペイ市内は厚さ6メートルもの灼熱の火砕流で覆われ、市民たちは逃げる間もなく生き埋めになったのである。

噴火直後、軍人でもあった博物学者のガイウス・プリニウス（大プリニウス）は、ポンペイの市民を救助するために船で急行した。そして、当時のローマ皇帝は使者をポンペイに送った。だが、プリニウスは有毒ガスを吸って死に、皇帝の使者は町が完全に壊滅しているのを目の当たりにした。そしてポンペイは、町が存在したことすら忘れ去られたのである。

ポンペイが再び脚光を浴びるようになるのは、噴火から1600年以上経ってからのことだった。スペイン王カルロス3世が1748年に発掘を開始。次々に豪奢《ごうしゃ》な装飾品や美しい壁画などが発掘されていった。火砕流の堆積《たいせき》物が乾燥剤の役目を果たし、美術品や壁画の劣化を食い止めていたのである。

その後、ポンペイの発掘はジウゼッペ・フィオレッリという考古学者に任されるようになったが、彼はやがて不思議なことに気がついた。美術品や陶器、建物などは素晴らしい保存状態で発掘されているにもかかわらず、住民の遺体

ポンペイ遺跡の城外にある秘儀荘と名付けられた貴族の館。「ポンペイの赤」を使ったフレスコ画「ディオニュソスの秘儀」で知られる。

がまったく発見されなかったのである。

発掘中、フィオレッリはふと閃《ひらめ》くものを感じ、火山灰のなかからしばしばあらわれる空洞に石膏《せっこう》を流し込んでみた。そして石膏が固まるのを待ち周囲の火山灰を注意深く崩したところ、なんとも恐ろしいものがあらわれたのである。

子どもを守ろうとして覆い被さる母親の姿、苦悶《くもん》の表情を浮かべる老人、抱き合う恋人たち、もだえ苦しむ飼い犬……。それは、一瞬のうちに生き埋めとなり、火山灰のなかで蒸し焼きとなり朽ち果てた市民たちの死の瞬間だった。彼らの苦しみに満ちた姿は、今もポンペイで見ることができる。

被災者の石膏像（ナポリ国立考古学博物館蔵）。

神話の世界とつながる
大理石の遺跡群にときめく
アテネのアクロポリス

紀元前５世紀頃に繁栄を極めた古代ギリシア文明の最高傑作ともいわれるパルテノン神殿。守護神・女神アテナを祀る。

【登録名】アテネのアクロポリス
【所在地】ギリシア・アテネ市内
【登録年】1987年
【登録区分】文化遺産
【登録基準】①②③④⑥

アクロポリスとは「小高いところにある都市」という意味で、丘の上に神殿など国家の中枢機能を集中させ、都市の心臓部にしたことを指す。そのため、古代ギリシアの都市国家では、都市の中心に必ずアクロポリスがあった。アクロポリスは国家の中心的機能を果たしただけではなく、芸術の発展にも寄与したことで知られる。なぜなら、各都市が競ってより華麗でより芸術的なアクロポリスを建設したからである。

なかでも、とりわけ優れた存在が、首都アテネにあるアクロポリスであることはいうまでもない。海抜150メートルのほぼ平らな岩の上に建つパルテノンの大神殿は、アテネ国際空港から市内へ向かう際、突然のようにあらわれ、人々の目を釘付けにする。

アテネに人が住むようになったのは紀元前6000年頃とされており、紀元前2000年前後の青銅器時代には、この丘には宮殿が建てられていたようである。しかし、当時の宮殿は一部を除いて木造だったため、石造りの階段の一部以外は現存していない。

現在のアクロポリスが建設され始めたのは、紀元前447年のことだった。ちなみに、日本ではまだ弥生時代の中期である。紀元前480年にペルシア軍によってことごとく破壊されてしまったアクロポリスの神殿群を、古代アテナイの政治家ペリクレスが再建したものである。彼は名だたる芸術家たちを総動員し、今も残るパルテノン神殿やエレクティオン神殿などを築きあげたのだ。

何度でも確認するに値する近代建築の礎

アクロポリスの代名詞ともなっているのがパルテノン神殿だ。アテネの守護神である女神アテナに捧げられた神殿で、白亜の大理石が惜しげもなく使われている。建物の規模は幅約31メートル、奥行き約70メートルという巨大なもので、石屋根を支えている円柱の高さは10メートルもあり、前後8本、側面に17本ずつ配されている。

実は、この円柱は中央部を少し膨らませた「エンタシス構造」を持っている。これは、遠望したときに柱が真っ直ぐに見えるようにという配慮である。これ以外にも最新の調査によっ

軍神である女神アテナと海神ポセイドンを祀るエレクティオン神殿のカリアティード柱廊。カリアティードとは柱の役割を果たす女性像。

て、パルテノン神殿の柱は、遠くから見たときに柱と柱の間隔が等しく見えるように一部の間隔が変えられていたり、近くから仰ぎ見たときに倒れかかってくるように感じないようにと、わずかに内側に傾けられていることもわかった。

ところで、パルテノン神殿の北側にはエレクティオンという名のイオニア式の小さな神殿が残っている。エレクティオンとは、アテネに伝わる伝説上の王「エレクティウスの家」という意味で、この王の墓と複数の神々に捧げられた神殿を兼ね、かつてアテナの女神像が安置されていた。アテナはアテネの名の由来となった女神である。

しかし、なぜアテナなのだろうか。話は、神々が地上の土地を分け合ったときにまで遡《さかのぼ》る。アテナとポセイドンは、どちらも現在のアテネを自分の領地にしたいと主張して譲らなかった。そこで2神は、アクロポリスの丘の上で「どちらが住民たちによりよい贈り物ができるか」を競うことにした。

まず、海の支配者だったポセイドンは、三叉の矛を地面に突き刺して塩水の泉を湧き出させた。これに対しアテナは、槍を地面に突き刺し、世界で最初のオリーブの木を作り出した。審判役だったオリンポスの神々は、実のなるオリーブの木のほうが塩水よりも住民たちに喜ばれると判断し、アテナがこの地を支配することになったのである。

血なまぐさい伝説に彩られた美の極致

アルハンブラ宮殿

【登録名】グラナダのアルハンブラ、ヘネラリーフェ、アルバイシン地区
【所在地】スペイン・グラナダ
【登録年】1984年、1994年
【登録区分】文化遺産
【登録基準】①③④

アルハンブラ宮殿内、「二姉妹の間」。仰ぎ見る八角形の縁で支えられたムカルナス（鍾乳石飾り）のドームは、まるで万華鏡のよう。

スペイン南部のアンダルシア地方最大の観光名所はアルハンブラ宮殿である。グラナダ市街を見下ろすサビカの丘の上に建つこの宮殿は、イベリア半島最後のイスラム王朝ナスル朝の王城（13～14世紀）で、堅固な城壁内には宮殿のほか、要塞、モスク、造幣所などもある。

アルハンブラの名は、外壁に塗られた漆喰《しっくい》が赤いことに由来するといわれている。アラビア語では「赤いもの」を「アル・ハムラー」という。これが変じてアルハンブラ宮殿と呼ばれるようになったというわけだ。

宮殿は主に、第7代ユースフ1世（在位1333－54年）とその子ムハンマド5世（在位1354－59年および1362－91年）の時代に拡張された。宮殿はイスラム宮殿建築の伝統を踏襲して造られており、「獅子のパティオ」と「ミルト（天人花）のパティオ」が中心となり、その周囲に「公儀の間（玉座）」、「居室（ハーレム）」などが配置されている。アルハンブラ宮殿を訪れた人は、例外なくその美しい装飾に息を呑むという。漆喰、タイル、大理石などを用いた装飾は、まるで万華鏡のように宮殿内部を埋め尽くし、天井にもムカルナスという鍾乳石の美しい天井装飾が施され、首が痛くなるのも忘れていつまでも見上げてしまうのだ。

１４９２年、グラナダはキリスト教国によるイベリア半島の「レコンキスタ（国土回復運動）」によって奪回された。その後、このアルハンブラ宮殿にも一部手が加えられ、モスクが教会へ替えられるなどしたが、それでも建築当時の美しさは今も十分に鑑賞できる貴重な世界遺産なのである。

邪悪な魔法がかけられた楽園

ところでアルハンブラ宮殿には、その美しさからは想像ができない恐ろしい過去がある。その舞台となったのは宮殿の中心、12体のライオン像を配した噴水が設けられた「獅子のパティオ」である。

事件は2度起きた。1度目は、王妃が自分を

イスラム王朝の栄華と凋落を伝えるアルハンブラ宮殿。

暗殺して息子を王位に就けようと企てていると聞かされた王が、この噴水の前で自分の妻と子どもの首をはね、その首を噴水の縁に並べたという。

2度目の事件の被害者となったのは、オリエントの名門アベンセラーへ一族だった。彼らは騎士団を結成し、王の親衛隊として働いていた。ところがある日、その親衛隊の一人が王妃と恋に落ちてしまったのである。男は夜な夜な後宮の壁を乗り越えて王妃と逢瀬を重ねていたが、ある夜、ついにその姿を目撃されてしまったのだ。暗闇だったため人物は特定されなかったが、恰好からして親衛隊の男ということだけは判明した。

ハーレムは王だけが入ることを許される男子禁制の場所である。音楽を奏でる楽士が出入りを許されていたが、女性たちの顔や姿を見られないように彼らの目は潰されていたというほどの厳格さである。そこに侵入した者は、たとえ親衛隊といっても極刑は免れない。

侵入の報告を受けた王は激怒し、36人の親衛隊全員を取り調べた。しかし、ハーレムに忍び込んだ者を特定することはできなかった。現在なら「疑わしきは罰せず」の原則があるため全員無罪放免になったかもしれないが、当時は王が法律そのものである。怒りが収まらない王は、「それなら」と、36人全員の首をはね、その首をまたもや噴水の縁に並べたというのだ。噴水の水はそれから数日間にわたって真っ赤に染まり、大理石には今もそのときの血の染みが残っているという。

こうした惨劇のほかにも、この宮殿ではさまざまな事件と悲劇が起きている。ある者は、カルロス1世宮殿の何もない一角で転倒して命を失い（今も観光客がしばしばつまずくことで知られる）、ある者は酒や女に溺れ寿命を短くしていった。また、宮殿とその周辺には幽霊が徘徊し、とくに宮殿入り口のホテルでは、今も幽霊が出るといわれている。

このように恐ろしい話には事欠かず、「アルハンブラ宮殿に邪悪な魔法がかけられているためだ」と語る歴史家もいるほどだ。

124本の列柱に囲まれた「獅子のパティオ」には、12体のライオン像が水盤を支えた噴水がある。ここは王の寵愛を受けた女性たちのハーレム（女性たちのみ住む後宮）だった。

魔女に操られた女の亡霊が
棲み続ける美の殿堂

ヴェルサイユ宮殿

【登録名】ヴェルサイユの宮殿と庭園
【所在地】フランス・イヴリーヌ県
【登録年】1979年
【登録区分】文化遺産
【登録基準】①②⑥

ヴェルサイユ宮殿の広大なエントランス。もとは広大な森で、太陽王ルイ14世の父・ルイ13世が狩猟のために建てた館があるだけだった。

ヴェルサイユ宮殿はパリの南西およそ18キロに位置する。豪華絢爛《けんらん》という言葉を具現化したような存在である。以前にもヨーロッパには数多くの宮殿が存在していたが、往時のブルボン王朝が権力の許すかぎりの贅《ぜい》を尽くして建てたこの宮殿に勝るものはなく、ヨーロッパの君主たちはこぞってこの宮殿に憧れ、これを模倣した豪華な宮殿が各国で建設されたといわれる。

宮殿の歴史は1624年、ルイ13世の時代に始まった。とはいうものの、当時ここに建てられていたのは狩猟小屋だったという。この狩猟小屋を現在のような宮殿へと造り替えたのは、後に太陽王と呼ばれるルイ14世だった。

フランス絶対王政を揺るぎないものにしたルイ14世は、パリの喧噪が苦手だったため、田園地帯に宮殿を建てる構想を抱いていた。そして当時から狩猟の基地として使わ

れていたヴェルサイユが候補地となったのである。

ルイ14世はすでに複数の城を所有していたが、さらに国費から200万フランもの大金を支出してヴェルサイユに新しい宮殿を造り始めたのである。彼は1000ヘクタールという広大な庭に大運河を掘って無数の噴水を設置し、その周囲には樹齢100年にも達する楡《にれ》の木を植えていった。

そして、室内にはクリスタルのシャンデリアを100個以上吊るし、光り輝く装飾と古代風の彫刻などをあちこちに置くなど、ヴェルサイユ宮殿を王の居城にふさわしい格調と豪奢《ごうしゃ》な雰囲気に造り上げたのである。

黒ミサの儀式でルイ14世の心を取り戻そうとした侯爵夫人

ところで、この時代の各国王室は、他国との政略結婚で勢力を拡大するのが常だった。わずか5歳で王位に就いたルイ14世も同様で、摂政の座に就いていた母のアンヌ・ドートリッシュがスペイン王家のマリ・テレーズを嫁に迎えたのである。

しかし、こうした政略結婚で心の慰めなど得られるはずがない。当然のようにルイ14世はたくさんの恋をし、数えきれない愛人をつくることとなった。

（上）建築家マンサールが設計した「鏡の間」。ボヘミアングラスのシャンデリアや578枚の鏡などを配した、金に糸目を付けない装飾。天井に描かれた『唯一統治する王』と題したフレスコ画は、栄華の象徴。
（下）アンドレ・ル・ノートルによる平面幾何学式庭園。完成した庭園をことのほか気に入った王は、広く人民に公開し、「王の庭園鑑賞法」というガイドブックまで作った。

当時の上流階級には「自由恋愛は許されるべき」という一定の理解があったが、愛人の一人が嫉妬に狂うあまり毒殺事件にも関与するとなれば、話は別である。

その嫉妬深い愛人の名はモンテスパン侯爵夫人。夫人はブルボン家の血筋につながる名門貴族の令嬢だったが、ルイ14世の妻マリ・テレーズの女官を務め、裕福ではあるが粗野な軍人であるモンテスパン侯爵家に嫁いでいた。結婚後も彼女は女官として仕え続けたが、その理由はルイ14世の寵姫になりたいためだった。

1666年、ルイ14世の母后アンヌの追悼ミサで、侯爵夫人はついにルイ14世との謁《えっ》見《けん》に成功する。国王は、青い瞳の豊満な美女に一目惚れし、その年のうちに二人は男女の仲になったという。

その後、王の子を二人も生んだ侯爵夫人は王妃のごとく振る舞い、政治にも口を挟むようになっていった。これを見かねた司教らがルイ14世に「不倫の恋に終止符をうつように」と進言。王はやむなく侯爵夫人をヴェルサイユ宮殿から追放した。

この仕打ちに激怒した侯爵夫人は、魔女と呼ばれて恐れられていた呪術師ラ・ヴォアザンのもとを訪れ、胎児の血を全身にそそぐという恐ろしい黒ミサの儀式を行なってルイ14世の心を取り戻そうとしたのである。

だが、この黒ミサも効果がなく、侯爵夫人はラ・ヴォアザンに毒薬を作らせ、ルイ14世が次々と手を出す女たちの命を奪おうとした。その毒牙《どくが》にかかったとされているのが、ルイ14世の若い愛人フォンタンジュである。国王は、彼女の目と同じ色をしたパールで飾った8頭立ての馬車をプレゼントするほど、彼女に熱を上げていた。

ところが、フォンタンジュは20歳を迎える少し前から急に痩せ始め、まもなくこの世

(上) 輝く太陽にも例えられ「朕は国家なり」という言葉を残したルイ14世の肖像。
(下) モンテスパン侯爵夫人の肖像。

を去ってしまったのだ。人々は「モンテスパン侯爵夫人が毒薬をフォンタンジュに飲ませたのだ」と噂し、やがて宮廷もそれを無視できないほど大きな騒ぎとなった。

やむを得ず宮廷は官憲をラ・ヴォアザンの家に差し向けることになったが、そこでなんと3000体もの嬰児《えいじ》の死体が発見されたのである。さらに宮廷を揺るがしたのは、ラ・ヴォアザンの家から発見された顧客リストだった。そこには国王周辺の上流階級の名前がズラリと並んでいたのだ。

この事件は結局、36人が火あぶりの刑に処されるという大事件に発展したが、侯爵夫人の名前は挙がらなかった。侯爵夫人を処刑すれば、王家の名に汚点を残すという配慮からであった。

しかし、人の口に戸は立てられない。「モンテスパン侯爵夫人がラ・ヴォアザンの毒薬でフォンタンジュを殺したに違いない」という噂はいつまでも消えることなく、王の権威は急激に色あせていった。

こうしてヴェルサイユ宮殿から追放されたモンテスパン侯爵夫人と、宮殿の最後の住人となりギロチンの露と消えたマリー・アントワネットの亡霊は、今も宮殿内を彷徨《さまよ》っていると伝えられ、さまざまな怪奇現象が報告されているのである。

史上最もスキャンダラスな教皇一族の権謀術数が渦巻く舞台
ヴァチカン

サン・ピエトロ大聖堂のクーポラ（大円蓋）から見た前庭広場。長径200メートル、短径165メートルの楕円広場の周りを284本の柱が取り囲む。

【登録名】バチカン市国
【所在地】ヴァチカン市国
【登録年】1984年
【登録区分】文化遺産
【登録基準】①②④⑥

ヴァチカン市国は、イタリアの首都ローマ市内にある世界最小の国である。その面積は代々木公園（0・54平方キロ）よりも小さい0・44平方キロで、住民の数は800人ほど。そのほとんどが聖職者だ。しかし、この小さな国土のなかにサン・ピエトロ大聖堂をはじめ、ミケランジェロの「最後の審判」で有名なシスティーナ礼拝堂、教皇の住まいであるヴァチカン宮殿など、さまざまな歴史的建造物がある。

この最小国家の歴史は、ローマ帝国時代にコンスタンティヌス1世がキリスト教を国教と定め、聖ペテロの墓所に最初の教会堂を建てたことに始まる。キリスト教以前から神託の下る聖地とされていたヴァチカンの丘には、その後、教皇庁の礎が築かれていった。

教皇は当初、ヴァチカンではなくローマ市内のラテラノ宮殿を14世紀初頭まで居所として使用していた。しかし、教皇がフランスのアヴィニョンに強制的に移された、いわゆる「アヴィニョン捕囚（1309～77年）」時代にラテラノ宮殿が火災にあったため、ローマ帰郷後にヴァチカン市内に教皇宮殿を建設してここに移った。

15世紀に入ると、コンスタンティヌス1世が建てた大聖堂が老朽化したので、ニコラス5世が大聖堂の再建命令を出した。大聖堂の建設は1506年に着工されたが、構造上の問題や不安定な政治情勢があり、1546年にミケランジェロが主任建築家に任命されるまで工事は停滞や中断を繰り返し、完成まで120年という長い年月を必要とすることになった。こうして完成したのが、ローマ・カトリック教会の総本山として現存するサン・ピエトロ大聖堂である。

キリスト教信者たちの頂点に立った教皇は、美術や文化の保護・発展に大いに力を注ぎ、当時の芸術界、文化界をリードし、次第にヨーロッパ全土に影響力を強めていくようになったのだ。

人殺しの家系と恐れられたボルジア家

教皇という存在は、誰よりも優れた人格者でなければならない。だが、人格者どころか「血塗られた家系」の者が教皇に就いたことがあっ

サン・ピエトロ大聖堂と古代エジプトのオベリスク。大聖堂の円蓋は、ミケランジェロの設計をもとに、16世紀後半に建造された。

た。それが、アレクサンデル6世ことロドリーゴ・ボルジアである。アレクサンデル6世は、どうしようもない女好きで、行く先々で女性に手を出し、多くの子ができた。これだけでもアレクサンデル6世がどのような人物だったかが理解できるはずだ。

だが、彼よりも恐れられたのが、息子のチェーザレと娘のルクレツィアだった。ボルジア家はヨーロッパを代表する名家の一つだが、それと同時に人殺しの家系とも呼ばれるような恐るべき裏の顔を持つ。

ボルジア家が短期間で宗教と政治の頂点に立つことができたのは、ライバルの暗殺と代々受け継がれてきた美貌のためとされている。チェーザレも美男子だったが、とくにルクレツィアの美しさは秀でており、その美貌ゆえに幼いときから政略結婚の道具として使われるようになった。

最初の婚約は、なんと11歳のときである。この婚約は破棄されたが、すぐに別の男と婚約させられた。だが、この婚約も再び破棄され、有力者のスフォルッア一族の、はるか年上の夫のもとへ嫁ぐことになった。ところが、彼は性的不能者で、政略結婚最大の目的である跡継ぎをつくれない。そこでチェーザレはルクレツィアの夫の殺害計画を立てた。しかし、ルクレツィアが夫に生命の危険を知らせ、殺害は果たせなかった。

5年後、彼女は2度目の結婚をした。跡継ぎも誕生し、彼女は幸せをかみしめていた。しかし、ある日、夫はヴァチカン宮から帰る道で刺客に襲われて重傷を負い、その傷が癒えた頃に兄のチェーザレに絞め殺されてしまうのだ。

この頃すでに、チェーザレの悪名はヨーロッパ中に轟《とどろ》いていた。彼は、自分に従わない相手を容赦なく殺して途《みち》を開き、自分の立場を有利に保とうと必死だったのだ。

ルクレツィアは毒殺魔ではなかった？

ルクレツィアも小説や映画のなかでは「美しくて恐ろしい毒殺魔」というイメ

テーブルの向こうに、左からチェーザレ、ルクレツィア、アレクサンデル6世と並んでいる。チェーザレは、客人の持つグラスに、おそらく毒の入ったワインを注ごうとしている。アレクサンデルとルクレツィアは酷薄な表情をして、それを見ている（『チェーザレ・ボルジアと共にする一杯のワイン』ジョン・コリア画、イプスウィッチ美術館蔵）。

ージで描かれている。指輪のなかに毒薬を隠し、飲み物のなかに入れたというが、ボルジア家には「カンタレラ」と呼ばれる毒薬が代々伝わっており、これを使ったといわれている。

だが、当時の毒殺技術は不完全で、未遂に終わるほうが多かった。おそらく使ったのはヒ素と考えられているが、ヒ素で相手を殺害するのは難しかったはずだ。しかも、ルクレツィアはチェーザレの殺害計画を自分の夫に知らせてもいる。つまり、ルクレツィアが毒殺魔という評判はかなり怪しいのである。

ボルジア家の人々が敵対する者を殺してのし上がっていったのは事実のようだ。だが、ルクレツィアに与えられた「毒殺魔」という汚名だけは偽りの可能性が高いと考えられている。

チェーザレも毒殺などというまどろっこしい方法を使わなかった。ルクレツィアの夫を絞め殺したことはすでに述べたが、もっと残忍な手段も用いている。たとえば、当時、彼は部下のラミロにロマーニャ地方の安定を命じた。それが果たされると、市民の恨みが自分に向けられるのを恐れ「圧政はラミロの独断だ」と濡れ衣を着せて捕らえ、四つ裂きの刑にして遺体を広場に晒したのだ。

皇帝ナポレオンの威光を表す2つの凱旋門

パリのセーヌ河岸

『皇帝の座につくナポレオン1世』（ドミニク・アングル画、軍事博物館蔵）。1789年に勃発したフランス革命のさなか、数々の戦功を立てて、皇帝にまで上り詰めた不世出の英雄。

【登録名】パリのセーヌ河岸
【所在地】フランス・パリ市内
【登録年】1991年
【登録区分】文化遺産
【登録基準】①②④

町そのものが歴史といえるフランスの首都パリで、世界遺産として登録されているのは「パリのセーヌ河岸」である。その範囲は広く、パリを流れるセーヌ川のシュリー橋からイエナ橋までのおよそ8キロが登録対象となっており、ノートルダム大聖堂が建つシテ島や「パリ発祥の地」とされるサン・ルイ島も含まれている。

パリを代表する観光名所の一つである凱旋門も、この「パリのセーヌ河岸」に含まれているが、この凱旋門は、映像でおなじみの凱旋門とは異なるものなのである。

どういうことなのかを説明する前に、凱旋門について少し解説しておこう。もともと凱旋門は、古代ローマ共和政時代に戦勝を得た将軍がローマ市内で行なう凱旋式のために建立した凱旋記念建造物を指していた。

この習慣が広まったため、凱旋門も世界各地に建てられている。ベルリンのブランデンブルク門やロンドンのマーブル・アーチも凱旋門の一つだが、ひときわ有名なのはパリの凱旋門だろう。

パリの中心部シャンゼリゼ通り西端のシャルル・ド・ゴール広場（旧エトワール広場）中央に建つ高さ50メートル、幅45メートルにも達する世界最大の凱旋門である。1806年にナポレオン1世の命令で建築がスタートし、1836年に完成。エトワール

(上) セーヌ川に浮かぶシテ島に建てられたノートルダム大聖堂。182年かけて完成したゴシック建築の代表作。1804年には、ナポレオンの戴冠式が執り行なわれた。
(下) 円型のバラ窓が美しい大聖堂内。1960年代、大聖堂に面した広場の地下から、古代ローマの町「ルテティア」の遺跡が発掘された。

凱旋門ともいわれる巨大建造物の壁面には著名な彫刻家フランソワ・リュードが製作した義勇兵の群像「ラ・マルセイエーズ」が浮き彫りされ、アーチの内壁にはナポレオン臣下の将軍名などが刻まれている。また、第一次世界大戦で戦死した無名戦士の墓が設けられている。

門の小ささに不満を漏らした英雄

観光ガイドやツアーのパンフレットで「パリの凱旋門」といえば、このエトワール凱旋門のことを指すのが一般的だ。しかし、パリにはもう一つ凱旋門があり、世界遺産に含まれているのはこちらのほうなのだから不思議ではないか。

そのもう一つの凱旋門とは、元テュイルリー宮殿だったルーヴル美術館敷地内に建つカルーゼル凱旋門のことである。高さ約19メートル、幅約23メートルとエトワール凱旋門の半分ほどの規模しかないが、バラ色の大理石が表面を飾り、兵士たちのいきいきとした彫像と勝利の場面のレリーフで装飾されたきわめて美しい門である。

ちなみに、カルーゼルとは騎馬パレードのこと。ディズニーランドではメリーゴーラウンドのことを「カルーセル」というが、それはこの言葉に由来したものである。

実は、このカルーゼル凱旋門の建設を命じたのもナポレオン1世だった。1804年にいわゆる「ナポレオン法典」を公布し、自ら皇帝の地位に就いたナポレオン1世は、その翌年、第3次対仏大同盟を結成したイギリス、オーストリア、ロシアに対抗。オーストリアのアウステルリッツ会戦で連合軍を破り、1806年にはプロイセン、ロシアに出兵し、ベルリンに入城して大陸封鎖の勅令を発した。

さらにその翌年、ナポレオン軍はロシア軍を圧迫してティルジット条約を結ぶという無双ぶりで、この結果、ナポレオン1世はヨーロッパの事実上の支配者となった。

これら一連の勝利を祝ってナポレオン1世

ルーヴル美術館敷地内に建つカルーゼル凱旋門。ナポレオンの功績を讃える目的で建設された。バラ色の大理石でできた8本のコリント式円柱が美しい。

が建設を命じたのが、このカルーゼル凱旋門だった。しかし、彼はこの門の大きさに不満を漏らし、さらに大きな凱旋門の建設を命じた。それが世界最大のエトワール凱旋門だったのである。

張りぼての門をくぐらされたルイーズ

戦に強く、瞬く間にヨーロッパの支配者にまで上り詰めたナポレオン1世だが、女性にはめっぽう弱かった。

たとえば、最初の妻ジョセフィーヌには浮気された挙げ句に「変な人」と笑い物にされていたし、再婚相手のマリー・ルイーズには「凱旋門をくぐってシャンゼリゼからパリに入りたい」と駄々をこねられ困り果てたという。なぜなら、エトワール凱旋門は建設が始まったばかりだったからである。苦慮したナポレオンは、張りぼてに絵を描いて門の基礎に載せ、そこをルイーズにくぐらせて納得させたという。

結局、ナポレオン1世自身もエトワール凱旋門をくぐることはなかった。完成までの間に失脚し、七月王政期の1836年に完成したときには、この世にすらいなかったからである。まさにエトワール凱旋門は「兵《つわもの》どもが夢の跡」である。

命がけの「歌合戦」が催された ドイツの精神史、文化史上の重要舞台 ヴァルトブルク城

ドイツ・アイゼナハは、宗教改革を唱えたマルチン・ルターが、説教を行なっていた場所として知られる。ヴァルトブルク城で、ルターは宗教の歴史を変える偉業を成し遂げた。また、文豪ゲーテは城の美しさに感動し、ワイマール公国の宰相になると城の修復を命じている。

【登録名】ヴァルトブルク城
【所在地】ドイツ・テューリンゲン州
【登録年】1999年
【登録区分】文化遺産
【登録基準】③⑥

ヴァルトブルク城は、ドイツ中部を横断するゲーテ街道沿いの町アイゼナハの小山に設けられた城である。築かれたのは11世紀後半と古い。ヴァルトブルクの名前の由来はルートヴィヒ・デア・シュプリンガーが、この小山の山頂を指さし「待て（ヴァルト）汝《なんじ》我が城（ブルク）となれ」といって建築を命じたことだといわれている。

この城は、神聖ローマ帝国の重要拠点だったテューリンゲンの進入路を押さえるかたちとなったために栄え、12世紀に入りテューリンゲン方伯（大豪族）の居城となると、ミューズ（詩や音楽の神の名）の館として知られるようになった。

その頃、城の広間では「歌合戦」がさかんに催されていたとされる。歌合戦といっても、日本の年末恒例の「紅白」のように和気藹々《あいあい》としたものではなく、敗者は厳しい罰を受けるという真剣勝負だった。この歌合戦の模様は13世紀に入って「ヴァルトブルクの歌合戦」の題で編纂《へんさん》された。

その主人公はハインリヒ・フォン・オフターディンゲン。テューリンゲン方伯ヘルマンを讃える4人の詩人たちを相手に、ハインリヒだけがオーストリア公レオポルトを称賛する歌を詠んだという。ハインリヒは健闘するものの、ついに詩人たちの策にはまって負けてしまう。

死刑を宣告されたハインリヒは自分の負けを認めず、「ハンガリーに住む名歌人クリングゾームにもう一度審判をやってもらいたい。彼の判断にならい従いましょう」と告げる。この主張が領主に認められ、ハインリヒはクリングゾームをヴァルトブルク城に連れ帰ったのである。

ところが、クリングゾーム自身が歌合戦に参加し、歌人の一人ヴォルフラムと対戦して負けてしまう。クリングゾームは「ヴォルフラムは学のある人物に違いない」と一目置くのだが、彼はただ神を信じているだけで学識などまったくないことが後になって判明する——といった内容だ。

当初は、主人公だったはずのハインリヒが途中から消えてしまうなど、矛盾や未解決な部分

ヴァルトブルグ城内、歌合戦の大広間。

が多いことでも知られる伝承だが、これは当時の宗教的背景を示唆しているとされている。つまり、「学識を持つ者よりも神を信じる者が優れている」ということを伝えようとしたというのである。

この「ヴァルトブルクの歌合戦」は、19世紀に入るとワグナーによって「タンホイザーとヴァルトブルクの歌合戦」というオペラに書き換えられ、広く知られることとなった。「タンホイザーとヴァルトブルクの歌合戦」の主人公は中世ドイツの騎士タンホイザー。ヴァルトブルク領主の姪エリザベートと愛を誓い合った仲だったが、美の女神ビーナスの誘惑の罠に負けて官能の世界に溺れてしまう。

その後、ビーナスの呪縛から逃れることに成功したタンホイザーはヴァルトブルクへ戻り、エリザベートと再会を果たす。彼は、たまたま開催されていた歌合戦に挑んだが、ビーナスを賛美したために周囲の騎士たちの怒りを買い、領主から追放処分を受けてしまう。これを悲しんだエリザベートが領主に許しを願ったところ、「ローマ教皇に罪を許されれば戻ってきてよい」といわれたのである。

苦難の末、ローマにたどり着いたタンホイザーだったが、教皇に「私の杖が二度と緑に芽吹くことがないのと同様、お前は永遠に救済されないだろう」と破門を宣告される。

タンホイザーが許されなかったことを知ったエリザベートは、自らの死をもって神に許しを乞う決心をして命を絶つ。タンホイザーは絶望のあまり、エリザベートの亡骸《なきがら》に寄り添いながら息を引き取るが、ちょうどそこへローマからの使者がやってきて、「教皇の杖に緑が芽吹き、タンホイザーに特赦が下りた」と知らせた——というストーリーである。

束の間の幸せを味わった聖エリザベート

ヴァルトブルク城は、聖エリザベートにゆかりのある城としても知られる。ハンガリー王の娘として生まれたエリザベートは、4歳のときにテューリンゲン方伯のルートヴィヒ4世と婚約し、ヴァルトブルク城へやってきた。14歳でルートヴィヒ4

華美な生活を好まず、恵まれない人々のために生涯身を捧げた聖エリザベート（中央）。その生涯は慈愛の見本とされ、ドイツ人が最も敬愛する聖人の一人となった。

世と結婚したエリザベートはこの城で幸福な結婚生活を送り、3児をもうけたが、夫が十字軍従軍中に急逝すると、城を追われることになった。だが、ヴァルトブルク城をこよなく愛していたエリザベートは、それでもアイゼナハの町を離れることができず、子どもたちとともに豚小屋に住みながら苦しい生活を送っていたのである。

エリザベートの厳しい境遇を知った叔母は自ら彼女たちを迎えに行き、伯父の住むバンベルク城へ送った。伯父は、まだ20歳のエリザベートに神聖ローマ皇帝フリードリヒ2世との再婚を勧めたが、彼女はそれを拒否して貞節を守り続けたという。

やがて夫の遺骨を修道院に埋葬すると、マールブルクに私設病院を作り、貧しくて病院へ通えない者たちや医者に見放された病人たちのために生涯を捧げた。エリザベートは1231年に24歳の若さでこの世を去るが、埋葬の直後から彼女の墓で奇跡が起きるようになり、やがて巡礼者が列を成していったという。

その評判を聞いたローマ教皇グレゴリウス9世は慎重に調査をした結果、聖人とすることを決定。エリザベートは聖女となり、マールブルクには彼女の名を冠したエリザベート教会が建てられ、彼女の命日11月17日は祝日となった。

ところで、ヴァルトブルク城は宗教改革者のマルチン・ルターが隠れ住んだことでも知られている。金で免罪符を買えばすべての罪が赦されるという「免罪符乱売」に憤ったルターは「抗議書95ヵ条」を公表。1521年に教皇の破門を受けたが、領主フリードリヒによってヴァルトブルク城に匿《かくま》われた。騎士イェルクと称したルターは、ヴァルトブルク城で『新約聖書』をドイツ語に翻訳するという大きな成果をあげた。

このように、ヴァルトブルク城はドイツの歴史文化の節目に登場する重要な場所なのである。

（上）マールブルクの聖エリザベート教会、正門。
（下）マルチン・ルターは、この城の小部屋で「宗教改革」への道を開く。

ゲーテが楽園と讃えた至福の海洋都市
ナポリ歴史地区

５世紀にローマ帝国が滅亡して以降、19世紀までフランスやスペインなどの支配を受けた南イタリア最大の都市。市内には、侵略と撤退を繰り返した列強の歴史を語る、様々な痕跡が残されている。

【登録名】ナポリ歴史地区
【所在地】イタリア・ナポリ
【登録年】1995年
【登録区分】文化遺産
【登録基準】②④

イタリアのことわざに「ナポリを見てから死ね」というものがある。まさに、このことわざの通り、ナポリは風光明媚《めいび》な地であり、王宮、卵城、ヌオヴォ城、サン・マルティーノ修道院、ナポリ大聖堂、サン・カルロ劇場、国立考古学博物館などの歴史的観光スポットが点在している。ナポリを熱愛したゲーテは、「人々が何と言おうが、語ろうが、また絵に描こうが、この景観の美はすべてにたち超えている」と書きとめた。

ナポリは最初「パルテノペ」と呼ばれていた。これは、海中に身を投じたセイレン（ギリシア神話に登場する海の怪物で、上半身が人間の女性、下半身が鳥の姿をしている。岩礁から美しい歌声を聞かせ、船員を惑わせて船を難破させる）の一人パルテノペの死体が流れ着き、ここにその墓が建てられたという故事に由来する。

紀元前6世紀頃にギリシア人たちが入植して植民市を建築すると、この地は「ネアポ

リス(新しい都市)」と呼ばれるようになった。これが現在の名称「ナポリ」の語源になっている。その後、ローマ帝国、東ゴート族、ノルマン人など、次々に支配者が代わっていったが、15世紀半ばからおよそ3世紀はスペインにルーツを持つアラゴン家の支配に入り、この間に文化・芸術が花開いたのだった。

たとえば、名作「聖マタイの殉教」「聖マタイの召命」で知られるミケランジェロ・メリージ・ダ・カラヴァッジオは、この地で「キリストの笞打ち」や「慈悲の七つのおこない」「ロザリオの聖母」を描いた。また、フィレンツェ大聖堂の「最後の審判」を描いたジョルジョ・ヴァザーリは、サンタンナ・デイ・ロンバルディ聖堂の天井画を描いた。

ナポリの守護聖人ジェンナーロを祀るドゥオモ(大聖堂)。毎年5月の第一土曜日と9月19日、12月16日には盛大な祭りがあり、堂内に納められた、瓶に入った聖ジェンナーロの凝固していた血液が液化する奇跡が起こるという。

城にかけられた恐ろしい呪いの言葉

ナポリ歴史地区にある文化遺産のなかで、とくに異彩を放っているのが「卵城」である。正式には「カステル・デローヴォ」といい、サンタルチア湾に突き出した巨大な石造りの堅牢な建物だ。ローマ帝国支配下にあった時代、貴族がこの場所に別荘を建てたのが最初とされる。その後、別荘は5世紀頃に修道院に変わり、12世紀に現在の城が造られた。そして、13世紀にフランス王ルイ9世の弟シャルルをルーツに持つアンジュー家に使われていたという由緒正しい城である。

卵城を見て一様に持つ疑問がある。それは「卵とは似ても似つかない、いかつい景観の

旧市街スパッカ・ナポリには、ナポリで見ておくべき美しい教会が集中して建ち並ぶ。サンタ・キアーラ教会の中庭には、マヨルカ焼きのタイルが彩るキオストロ（回廊）がある。

城にもかかわらず、なぜ卵城などというソフトなイメージを持つ名前になったのか」である。これは、ノルマン人がこの城を築く際、基礎のなかに卵を埋め込み「この卵が割れるとき、城はおろか、ナポリにまで危機が迫るだろう」と呪文をかけたことが由来となっている。幸いなことに、この卵城とナポリは未だに美しい姿をとどめている。基礎に埋め込まれた卵は今も割れずに残っているということなのだろうか。

ちなみに、冒頭で紹介した「ナポリを見てから死ね」ということわざは、この卵城の屋上から見た景色を指しているという。事実、城の上に立つと、ナポリ旧市街地の美しい街並み、サンタルチア港が眺められる。天気のよい日には、あのベスビオス火山まで一望でき、ナポリとその周辺の美しさを心ゆくまで堪能できる。

1030年、ノルマン人が襲来し、南イタリア全域を支配した際に築かれた要塞「卵城」。

700年間も歴史の記憶から消えていた楽都

ウィーン歴史地区

大晦日恒例、楽友協会“黄金のホール”で開催される、ウィーン・フィルによるジルベスターコンサートは、愛好家ならずとも、一度はこの耳で感動を味わいたい。

【登録名】ウィーン歴史地区
【所在地】オーストリア・ウィーン
【登録年】2001年
【登録区分】文化遺産
【登録基準】②④⑥

紀元前のウィーンはケルト人の移住地で、地名は当時の名称ウィンドボナに由来している。紀元100年頃、ローマ帝国軍がこのウィンドボナを侵略し、長方形の要塞を築いた。その後、ウィーンはローマ帝国の重要拠点とされ市民も移り住むようになったが、400年頃にゴート族によって破壊され、433年にはフン族の手中に落ちてしまう。そして、ローマ帝国の没落とともに以後約700年間というもの、歴史の記録から消えたままになっていた。

だが11世紀に入ると、ウィーンは南ドイツからハンガリーへ向かう「ドナウの道」と、ボヘミアからイタリアへ向かう「琥珀《こはく》街道」が交差する交通の要衝として再び栄えるようになった。12世紀末には、市域は世界遺産に登録されている現在の旧市街まですでに広がっていた。これと同時期に、現存するウィーン最古の教会・聖ルプレヒト教会が完成。ルプレヒトとは塩商人の守護神で、ザルツブルクからドナウ川経由でハンガリーへ送られる塩が、ウィーンで陸揚げされたことに由来する。ちなみに、今もウィーンには「塩河岸」を意味する「ザルツグリース（Salzgries）」という地名が残っている。

ところで、ウィーンを語るうえで欠かせないのがバーベンベルク家の存在である。フランス王家を遠縁とするバーベンベルク家は、976年に神聖ローマ帝国皇帝オットー

2世に命じられて現在のオーストリアを治めることになり、1155年にハインリヒ2世がウィーンに居城を移した。そして、レオポルト5世（ハインリヒ2世と妃テオドラ・コムネナの子）の時代（1221年）に通過商業の独占権を獲得。これによって、貨物がウィーンを素通りすることがなくなり、市に莫大な金が落ちるようになった。こうしてウィーンには自由な空気が流れ、華やかな貴族文化が生まれたのだった。

モーツァルト、ハイドン、ベートーヴェン、偉大なる音楽家たちの数奇な運命

やがて、統治者はバーベンベルク家からハプスブルク家へと代わったが、ウィーンの繁栄は衰えることはなかった。16世紀に入り、中央の行政庁

オスマン・トルコ軍からウィーンを救った名将軍、オイゲン公によって18世紀初頭に築かれたベルヴェデーレ宮殿。後にマリア・テレジアへと売却され、彼女は膨大な美術品を収蔵した。

と皇帝の居所がウィーンに置かれると、経済だけではなく芸術もさらに発展。優れた音楽家たちが集うようになり、ウィーンは「音楽の都」と呼ばれるようになった。

優れた音楽家のなかでも、とくに有名なのがモーツァルトだ。カトリック大司教領の首都ザルツブルクに生まれたモーツァルトは、わずか3歳でピアノを奏《かな》で始めたという天才だった。

初めてウィーンを訪れたのは6歳のときだった。父に連れられシェーンブルン宮殿を訪れたモーツァルトは、マリア・テレジアの前で演奏して、大喝采を受けたという。

1781年、ウィーンに定住することを決心する。その後、モーツァルトは、三大オペラ「フィガロの結婚」「ドン・ジョバンニ」「魔笛」、三大交響曲（第39番、40番、41番「ジュピター」）などを次々に発表し、名声を得た。

それからわずか10年後の1791年、モーツァルトは35歳10か月の若さで亡くなった。そのとき、レクイエム（死者のためのミサ曲）の作曲をしていたというから、あるいは自分自身で死期を悟っていたのかもしれない……。

ハイドンもまた、ウィーンを代表する作曲家の一人である。30年近くもハンガリーのエステルハージ侯爵お抱えの音楽家として働いた後、若かりし頃に音楽を学んだウィーンへ戻ったハイドンは、ソナタ、弦楽四重奏曲、交響曲の形式を成立させて古典派様式を確立。モーツァルトやベートーヴェンにも影響を与えたことで知られる。

ハイドンは1809年5月31日に亡くなったが、そこから彼の遺体は数奇な運命をたどる。なんと、彼の頭部が墓から盗み出されて

（上）王宮庭園内、ト音記号の花壇で有名なモーツアルト像。
（下）モーツァルトがコンスタンツェと結婚式をあげたシュテファン寺院内部。

いたというのである。盗んだのは、ハイドンの熱烈なファンだった二人の男で、彼らは薬品処理をして彼の頭蓋骨を保存していたという。その後、ハイドンの頭蓋骨は回収されたが、墓に戻されたのは１９５４年。つまり、１５０年近くもハイドンの身体と頭は離ればなれだったのである。

もう一人、ウィーンを代表する作曲家を挙げるとすると、ベートーヴェンだろう。西洋音楽史上最も偉大な作曲家の一人とされ、「楽聖」とも呼ばれている。

ベートーヴェンも幼い頃から楽才をあらわし、後援者によってモーツァルトに師事させる計画が練られていたほどであった。だが、モーツァルトの死によってこの計画は中止となり、ベートーヴェンは１７９２年にウィーンへ赴きハイドンに弟子入りした。

まずはピアニストとして名声を得たベートーヴェンは、自ら演奏するために曲を作るようになり、瞬く間に作曲家としての地位を確立していった。

ところで近年、アメリカでベートーヴェンの遺髪が分析調査された。その結果、彼の毛髪から健康な人の１００倍以上にあたる濃度の鉛が検出されたという。ベートーヴェンが癇癪《かんしゃく》持ちだったことは有名な話だが、それ以外にも消化不良や神経過敏症、難聴などの症状にも悩まされていた。これらはすべて鉛の摂取によって起きる症状であり、鉛中毒にかかっていたのではないかと考えられている。彼は1827年3月26日にウィーンで死去しているが、一説によると、死因は肝硬変。これもまた鉛中毒によって肝機能が悪化したと考えられる。「音楽の都」と讃えられた美しいウィーンのどこで彼は恐ろしい鉛に汚染されたというのだろうか……。今となっては謎のままである。

(上) ベートーヴェンのデスマスク。
(下) ベートーヴェンの代表作「交響曲第９番」を視覚化した『ベートーヴェン・フリーズ』から《第３場面—歓喜・接吻》(グスタフ・クリムト画、ウィーン分離派会館蔵)。

1000年を超える歴史を持つ
王都に刻まれた栄光と暗黒の記憶

プラハ歴史地区

聖ヴィート大聖堂のなかにある聖ヴァーツラフ礼拝堂。1300以上の半貴石と黄金の漆喰で飾られた壁は見事。中央にはボヘミアの守護聖人ヴァーツラフの像が鎮座している。

【登録名】プラハ歴史地区
【所在地】チェコ・プラハ市内
【登録年】1992年
【登録区分】文化遺産
【登録基準】②④⑥

プラハはチェコの首都である。1993年1月にチェコとスロバキアに分離するまではチェコスロバキアの首都でもあった。ここは「ヨーロッパで最も美しい街」と呼ばれ、同時に塔が多いことから「百塔の街」とも呼ばれる。市街はブルタバ川両岸から周りの丘陵地まで広がり、ブルタバ川左岸にあるフラッチャーニ地域（プラハ城がある）とマラー・ストラナ地域（小地区）、右岸のスタレー・ムニェスト地域（旧市街）、ノベー・ムニェスト地域（新市街）という4つの地域に大別される。世界遺産登録された「プラハ歴史地区」はこれらの地域すべてを含む広大なエリアのことを指す。

プラハの歴史は8～9世紀にまで遡ることができる。この頃、プラハ城の基礎となる城砦とビシェフラートの城砦が造られ、両城砦の間に西スラブ系チェコ人が集落を造って定住するようになったのだ。

13世紀に入ると、ボヘミア（チェコ共和国西部）王ウェンツェスラス1世によってドイツ人の入植が始まった。このとき、交易の中心地として造られたのが、現在「旧市街」といわれる地域だった。さらに、その1世紀後には南東部に新市街が建設された。つまり、「新市街」といっても、700年以上の歴史があるわけである。

だが、プラハの発展はそれにとどまらなかった。1355年、神聖ローマ皇帝に選ばれたルクセンブルク家のカール4世（ボヘミア王カレル1世）が、ここを帝国の都に定めると芸術や政治のレベルも飛躍的に高まり、パリに次ぐヨーロッパ第二の人口4万を集め、「黄金のプラハ」と呼ばれるようになったのである。

交易の中心と同時に紛争の中心にもなった街

プラハには、星の数ほど観光名所が存在するが、ブルタバ川にかかるカレル橋は、プラハの顔といってもいい存在だ。全長516メートル、幅9・5メートルの堂々とした橋で、現存する石造りの橋としてはヨーロッパ最古である。プラハの観光客は例外なくこの橋を訪れ、右岸と左岸を幾度となく行き来する。実は、このカレル橋の名の由来となっているのが、カレル1世なのである。

しかし、なぜカレル1世はここを帝国の都と定めたのか。その答えは、ヨーロッパ地図のなかに潜んでいる。地図を見ればすぐにわかる通り、プラハはまさにヨーロッパのど真ん中に位置しているのだ。西にはゲルマン民族の国が広がり、東にはスラブ民族の国が広がっている。つまり、プラハは扇の要《かなめ》としてヨーロッパ全土から芸術と金、力を引き寄せたのである。

（上）橋塔から見たマラー・ストラナ地域とフラッチャーニ地域（左下がカレル橋、右上がプラハ城）。
（下）全長516メートルのカレル橋には、30体の聖像が並ぶ。聖ヤン・ネポムツキー像の台座に触れると幸運が訪れるとされる。

だが、扇の要だったことがプラハに災いをもたらすようになる。ヨーロッパでは15世紀と17世紀に重大な宗教紛争が起きたのだが、そのいずれもがプラハを軸にして展開したのである。

まず、15世紀に宗教家のヤン・フスが宗教改革に着手し、プラハ旧市街のベツレヘム礼拝堂で教会を非難し、聖書による福音を民衆に説いた。激怒したカトリック教会はフスを破門し、彼はその後杭にかけられて火あぶりにされた。

また、1618年にプラハ城で起きたプラハ窓外投擲《とうてき》事件を皮切りにビーラー・ホラ(白山)の戦いが始まり、それが三十年戦争に発展した。1648年、カトリックの最後の牙城《がじょう》となったプラハはスウェーデン軍に包囲されてしまう。幸い、戦争は終結したが、王宮はウィーンへ移転され、チェコ語の使用禁止や、宗教弾圧、文化弾圧などが行なわれた。この結果、チェコは独自の文化を失い、2世紀以上にわたって「暗黒時代」といわれるチェコ民族文化の空白時代を送ることになったのである。

近代になっても、プラハは歴史の要であり続けた。1918年10月28日、プラハでチェコスロバキア共和国の建国が宣言され、プラハは首都となった。そして、1968年のいわゆる「プラハの春」というチェコスロバキアの自由化運動も、この街から生まれたものだった。しかし、急速な自由化はソ連を警戒させ、同年8月にソ連はワルシャワ条約機構軍を率いてチェコスロバキアへ侵入し、全土を占領した。こうして「プラハの春」は消え去り、第二の暗黒時代へと突入したのだった。

数奇な歴史をたどってきたプラハだったが、「黄金のプラハ」の面影が昔のままに残っているのは幸運だったといえるだろう。

（上）約600年かけて造られた聖ヴィート大聖堂。尖塔までの高さは82メートルある。
（下）プラハ城内の錬金術師通り。錬金術師たちが住んだという伝説から、この名がついたという。22番がフランツ・カフカの仕事場だった。

ルネサンス文化を開花させたメディチ家300年の覇権
フィレンツェ歴史地区

「花の聖母大聖堂」の名を持つサンタ・マリア・デル・フィオーレ大聖堂のクーポラ（大円蓋）とバラ色の街並み。

【登録名】フィレンツェ歴史地区
【所在地】イタリア・フィレンツェ
【登録年】1982年
【登録区分】文化遺産
【登録基準】①②③④⑥

イタリアには数多くの歴史的名所、観光地が存在するが、そのなかでもとくに観光客に人気なのがルネサンス発祥の地としても知られるフィレンツェだ。フィレンツェはイタリア中部に位置するトスカーナ州フィレンツェ県の州都、県都で、「屋根のない博物館」といわれるほど貴重な建築物や彫刻が無数に見られる。

フィレンツェの歴史は古代ローマ時代にまで遡る。ローマ帝国が植民都市としてアルノ川の渡河点に町を建設したのが始まりだ。ローマと北イタリアの関係が密接になった紀元前１世紀頃には、すでに重要な貿易拠点となっていた。

９世紀には神聖ローマ帝国の支配下に入ったものの、11世紀には自治権を獲得して都市国家体制を確立。さらに、１２５０年に皇帝フリードリヒ２世が死ぬと、教皇派の中心都市としての地位を確立した。

彫刻、絵画、建築、「芸術の都」を造り上げたパトロン事業

フィレンツェの歴史はメディチ家抜きでは語ることができない。14世紀に入ったフィ

レンツェは人口が10万にも達し、ヴェネツィア、ミラノなどと並ぶヨーロッパ有数の都市に成長した。それにつれて文化や技術も発展したが、商人同士の対立も激しく、有力商人の破産が続出すると同時に武力衝突の危機も迎えていた。

そんななかで、銀行家として成功していたコジモ・デ・メディチが政敵を次々に排除し、ついに1434年に独裁的な地位を獲得した。ただ、メディチ家は都市国家体制に手を付けることはせず、学芸に多大な支援を行なった。

それによってフィレンツェはルネサンス文化の中心地となり、建築のブルネレスキ、彫刻のドナテッロ、絵画のマサッチョ、ボッティチェリなどが輩出。さらに、中世以来の細い曲がりくねった道が改修され、新しい教会やパラッツォ（宮殿）が建てられ、現在の美しい景観が生まれたのである。

教皇が輩出しながら出自が明らかではない一族

ヨーロッパの名家や貴族の家には、日本の家紋に似た「紋章」があった。メディチ家の紋章は赤い球がいくつか並んだ珍しいもので、これは丸薬を表しているとされている。

事実、メディチ家の「メディチ」という言葉は「メディスン」と語源が同じで、「医学」や「医薬」という意味を持つ。このことから、「メディチ家の紋章は丸薬を表している」といわれるわけだが、赤い球の数は時代によってなぜか異なり、一貫性がないのだ。もし、本当に出自を表しているのなら、時代によって数が異なるなどというぞんざいな扱いはされないのではないか。

（上）メディチ家の6つの球の紋章。
（下）メディチ家歴代の当主が眠るサン・ロレンツォ聖堂。

メディチ家の出自に対する疑問はほかにもある。13世紀以降の資料をくまなく調べても、医師や薬剤師、薬種問屋のリストにメディチという名は一切見当たらないらしい。「いや、あの球のモチーフはコイン、または両替商が天秤に用いる分銅を表しているのだ」という説もある。すでに述べた通り、フィレンツェの全権を掌握したコジモ・デ・メディチは銀行家だったから、これも大いに考えられる説かもしれない。しかし、銀行組合の紋章を見ると、メディチ家のそれとは明らかに異なっていることがよくわかる。たしかに銀行組合の紋章にも丸いモチーフが使われているが、それは明らかにコインとわかる平らな形をしている。これに対し、メディチ家の紋章の丸いモチーフは球形なのだ。分銅も円筒形だから、明らかにメディチ家の紋章のモチーフとは異なる。

メディチ家は15~18世紀にかけて巨万の富を得、フィレンツェ公、トスカーナ大公と名乗るまでになった。そのため、各国の王室はメディチ家と姻戚関係を持ち、金の力を借りることも少なくなかった。さらに、コジモの子孫からは3人のローマ教皇すら輩出しているのだ。

カトリーヌ・ド・メディシスは、フランス王アンリ2世に嫁いだが、メディチ家が王室以上の財産を持っていたにもかかわらず、メディシスは嫁いだ先で「卑しい出自の娘」

と周囲から蔑《さげす》まれたという。血筋を重んじることで知られるヨーロッパの王侯貴族は、メディチ家の出自の怪しさになじめなかったのだろう。フィレンツェの北の村から出てきたというメディチ家は、どのようにして成り上がったのか、今もわかっていない。

(上) ヴェッキオ宮殿内、「五百人広間」。メディチ家の栄光をたたえる壁画装飾は必見。
(下) ピッティ宮殿の2階にあるパラティーナ美術館。壁を埋め尽くす傑作群から、メディチ家の巨富と権勢を感じられる空間。

大天使ミカエルのお告げによって築かれた奇跡の修道院
モン・サン＝ミシェル

「西洋の驚異」と称されるモン・サン＝ミシェル。中世の巡礼者は、広大な干潟を歩いてモン・サン＝ミシェルを目指した。干潮のタイミングを読み誤れば、あっという間に干潟は波に飲み込まれてしまうため、人々は、巡礼の前に遺書まで作っていたという。

【登録名】モン・サン＝ミシェルとその湾
【所在地】フランス・サン・マロ湾上
【登録年】1979年
【登録区分】文化遺産
【登録基準】①③⑥

モン・サン＝ミシェルは、フランス北西部ノルマンディーとブルターニュの間に挟まれたサン・マロ湾上の小島にある修道院で、「日本人が行きたい世界遺産」の上位に選ばれる人気観光スポットである。「聖ミカエルの山」という意味で、『旧約聖書』に登場する大天使ミカエルのフランス語読みに由来する。

伝承によると、ノルマンディーのアブランシュという町の司教オーベールが、夢のなかにあらわれた大天使ミカエルに「岩山に礼拝堂を建てよ」と命じられ、それに従ったのがモン・サン＝ミシェルの起源とされている。実は、オーベールは当初、この夢を悪魔のいたずらと思い込んでいた。2回同じ夢を見せてもお告げを信じないオーベールにしびれを切らした大天使ミカエルは、3度目にオーベールの額に指を触れて強く命じた。頭のなかを稲妻が走る夢を見てオーベールが飛び起きると、頭に穴が開いていていた。

ここに至って、ようやくオーベールはお告げを信じたという。

大天使ミカエルが示した岩山は、トンブ山という神聖な山だった。オーベールがここに礼拝堂を建てると、それまで陸続きだったその場所は、一夜にして海に囲まれる孤島になってしまったという。

その後、966年にはノルマンディー公リシャール1世がベネディクト会の修道院を建設。さらに、1023〜34年に新教会堂が建築され、12世紀には城壁が巡らされるなどの増改築が重ねられ、13世紀にはほぼ現在のようなかたちになった。

モン・サン＝ミシェルを初めて見た人は例外なく、湾に浮かぶ岩山にこれほど巨大な建物を建てて大丈夫なのだろうか、という不安を感じる。しかし、石積みの修道院は実際に安定している。

建物が安定している秘密は、軽量化にある。建物を軽くすれば、それだけ岩山にかかる負担は少なくなるわけだ。軽量化のため、モン・サン＝ミシェルの建物は最上階のみ天井に木の板が使われている。これには船造りの技術が用いられているという。

刑務所として使われていたこともある数奇な歴史

　ところで、モン・サン＝ミシェルは修道院である。なのに島の入り口に大砲が飾られているのはなぜなのか。実は、モン・サン＝ミシェルは英仏百年戦争の際、最前線の要塞として使われていたのだ。

　1328年、フィリップ6世がフランス王として即位すると、イングランドのエドワード3世がフランスの王位継承権を主張して侵略を開始。英仏海峡上にあったモン・サン＝ミシェルの修道院は閉鎖され、最前線基地として利用されることになった。

　こうして1424年、イングランド軍の兵士1万5000人がモン・サン＝ミシェルを包囲

「王の門」のすぐ側にある「ラ・メール・プラール」。看板メニューの「ふわふわのオムレツ」は、かつて巡礼者たちに振る舞われていたという。

しようとした。島を兵糧《ひょうろう》攻めにして奪おうと考えたのだ。しかし、サン・マロ湾の干満の差と潮流が激しかったため包囲はうまくいかず、ブルターニュの騎士たちはイングランド軍の船艦と戦いながら食料や水を運び続けた。こうして、モン・サン＝ミシェルは大きな被害を受けることもなく百年戦争を無事に乗り切ったのだった。ちなみに、島の入り口に置かれている大砲はフランス軍のものではなく、イングランド軍が放置していったものである。

フランスの勝利というかたちで百年戦争が終結すると、人々は大天使ミカエルがモン・サン＝ミシェルとフランスを守ってくれたのだと考えた。国王ルイ11世はフランスを勝利に導いた大天使ミカエルを讃え「聖ミッシェル勲爵士団」を創設。さらに、モン・サン＝ミシェルを讃えるための巡礼者がフランス国内だけではなくヨーロッパ中から訪れるようになったのだ。

だが、18世紀末のフランス革命で修道院は廃止され、モン・サン＝ミシェルは1863年まで刑務所として使われるという屈辱を受けた。その後は誰も見向きもせず荒廃する一方だったが、ビクトル・ユゴーが「モン・サン＝ミシェルはエジプトにおけるピラミッドのようなものだ」と語ったことから、ナポレオン3世が動き、1865年に再び修道院として復元されミサが行なわれるようになった。

やがて、堤防で陸とつながって鉄道と道路が敷かれ（鉄道は後に廃止された）、フランス北西部の有数の観光地となった。

ところで、イングランド軍を追い返すのに役立ったサン・マロ湾の干潮だが、近年は島の周囲が砂洲化し、サン・マロ湾に浮かぶモン・サン＝ミシェルの姿が見られなくなっている。これは、モン・サン＝ミシェルにつながる堤防を造った影響だった。そのため、堤防を取り壊して橋で陸地とモン・サン＝ミシェルをつなぐ工事が現在進行中である。橋は2015年完成予定なので、まもなく「サン・マロ湾に浮かぶモン・サン＝ミシェル」が再び見られるはずだ。

ラ・メルヴェイユ最上階の回廊。修道士はここで休息をとっていたという。

クレムリンと赤の広場

イヴァン雷帝の血塗られた生涯を刻む
ロシア正教の聖地

帝政ロシア時代、皇帝の戴冠式が行なわれたウスペンスキー大聖堂。聖堂内はイコンと呼ばれる聖像画で埋め尽くされている。

【登録名】モスクワのクレムリンと赤の広場
【所在地】ロシア・モスクワ
【登録年】1990年
【登録区分】文化遺産
【登録基準】①②④⑥

現在はロシア政府の代名詞になっている「クレムリン」だが、本来はロシア中世都市の中心部に位置する城塞を指す言葉で、かつてはモスクワのほかキエフなどにも存在した。川や湖に面する丘に造られるのが基本で、聖・俗の権力・行政機関が置かれた。現在はモスクワのほか、ノブゴロド、ニジニ・ノブゴロド、カザン、アストラハン、コロムナなどにも16〜17世紀に造られた城壁や教会などが残っているが、ロシア最大で、かつ有名なのは、やはりモスクワのクレムリンである。

その起源は1156年にまで遡る。モスクワの創建者といわれる大公ユーリー・ドルゴルーキーの命により、モスクワ川とネグリンナヤ川との合流点に木造の要塞が築かれたのが始まりとされる。1360年代には木の柵が石に取り替えられたが、その当時の色は現在のように赤ではなく白だった。また、クレムリン内部の建物も現在とは異なり、ロシア風の白色が基調だった。

実は、ほかの地に現存するクレムリンもロシア風なのである。にもかかわらず、どうしてロシアのクレムリンにだけルネサンス風の建物が並んでいるのだろうか。

それは、イヴァン大帝が「ビザンチン帝国滅亡後はモスクワが正教会の中心地であるべき」という考えを持っていたからなのだ。そのためには、クレムリン内部の建物も、ロシア風ではなくルネサンス風の建物にする必要があったのだ。

15世紀後半、イヴァン大帝は高名なイタリア人建築家を招き、クレムリン内部の建物をルネサンス風に全面改築させた。

このとき、ロシア皇帝が戴冠式を行なう際に使われ、ロシア教会の総本山でもあるウスペンスキー大聖堂、大公家の私有教会であるブラゴヴェッシェンスキー聖堂、ロシア皇帝の納骨堂として使われているアルハンゲリスキー聖堂の三大聖堂のほか、外国の使者を接見し祝宴を催すルネサンス風建築のグラノビータヤ宮殿、「イヴァン大帝の鐘楼」などが造られ、クレムリンは現在とほぼ同じ外観と規模を持つようになった。

現在、城壁の総延長は2250メートル、城壁で囲まれた三角形の構内の総面積は26万平方メートルで、これは東京都千代田区にある日比谷公園の1・5倍ほどの広さである。

こうしてモスクワのクレムリンは国の支配の拠点として使われ続けたが、18世紀初頭のサンクトペテルブルクへの遷都とともにその役割をいったん終えた。しかし、十月革命後の1918年、ソビエト政権がサンクトペテルブルクを改称したペトログラードからモスクワに遷都したことで、クレムリンは再び国政の中心となった。

その後、ソビエト政府の多くの機関はクレムリンの外部に移ったが、ソ連邦最高会議幹部会とソ連邦閣僚会議はその後もここで活動を続け、共産党大会などの重要な会議もクレムリン内で行なわれた。そのために、ソ連やロシア政府のことを「クレムリン」と呼ぶのである。

残虐・非道な皇帝の果て

ところで〝イヴァン〟はロシアでたいへんポピュラーな名前だ。そのため、イヴァンという名のモスクワ大公は5人を数える。そのなかでもとくに有名なのが、前出のイヴァン大帝の孫にあたるイヴァン4世である。イヴァン4世で

皇帝が収集した絢爛たる宝石を集めたダイヤモンド庫内、歴代皇帝が使用した王座、王笏類、黄金の馬車など、居並ぶロマノフ王朝の至宝は、ため息が出るほどの美しさ。写真右上、5000個のダイヤモンドをちりばめた王冠は必見。

ピンとこなければ、イヴァン雷帝といえばいかがだろう。おそらく、ほとんどの人が一度くらいはその名を聞いたことがあるはずだ。

イヴァン雷帝はイヴァン大帝の息子ヴァシーリー3世の子として生まれた。実は、ヴァシーリー3世には長い間、子ができなかった。そこで彼は、ロシア正教会の反対を押し切って先妻を追放。リトアニア大公国の貴族の血を引くエレナ・グリンスカヤを妻に迎え、イヴァン雷帝を授かったのである。

だが、ヴァシーリー3世が再婚する際、正教会の主教は「このような結婚で生まれた息子は邪悪な者になるだろう」と呪ったという。この呪いが効いたのだろうか、イヴァン雷帝は幼い頃からたいへん我がままで気性が荒く、側近たちは気の休まることがなかったという。

その性格が形成されたのは呪いのためではなく、3歳という年齢で大公に即位したことが関係していると指摘する専門家もいる。とにかく、大公は君主である。叱りつける者がいなくなった幼いイヴァン雷帝が、我がままな性格を助長させたのは想像に難くない。

しかし、1547年に彼と結婚したアナスタシア・ロマノヴナは、イヴァン雷帝を精神的に巧みに支え、ロシアにも平穏な時間が流れるようになった。ところが、アナスタシアは1560年に急逝。宮廷に流れる「ある貴族によって毒殺された」という噂を信じたイヴァン雷帝は、以前よりもさらに残虐で猜《さい》疑《ぎ》心《しん》の強い人物となっていった。

1565年から始まった恐怖政治時代には、ライバルのスターリツァ公ウラジーミルやモスクワ府主教フィリップなどの要人を粛清したほか、大量の処刑者を出した。さらに、1581年には跡継ぎのイヴァンを口論の末に長杖で打ちつけて殺すに至った。その3年後、イヴァン雷帝は病に倒れ、その生涯を閉じたのである。

ちなみに雷帝とは、もともと「脅

『イヴァン雷帝とその息子』(イリヤ・レーピン画、トレチャコフ美術館蔵)。1581年のイヴァン大帝による息子殺し事件の場面。息子との口論の末、癇癪を起こし長杖で息子を打ちつけて殺してしまう。こめかみから血を流して死んでいるのが息子、そして死んだ皇太子を目を見開いて抱きかかえているのがイヴァン雷帝。

す」「畏怖させる」という意味であり、彼が行なった恐怖政治に由来する恐ろしいニックネームなのである。

「赤の広場」ではなく「美しい広場」だったのか？

クレムリンの正面には広大なスペースが広がっている。いわゆる「赤の広場」だが、もともとここには市街地が広がっていた。１４９３年、イヴァン大帝がその市街地を整理するよう命じたのが、この広場の起源である。

だが、ここが赤の広場という名前で呼ばれるようになったのは17世紀後半とかなり先のことである。それまでは、商店が立ち並んでいたことから「トルグ（商売や交易）広場」、広場の隅にトロイツカヤ聖堂が建っていたため「トロイツカヤ広場」、タタール人の襲撃で火災が発生してからは「ポジャール（火事）広場」などとも呼ばれた。

ではなぜ、ここが赤の広場と呼ばれるようになったのか。社会主義のトレードマークが赤色だから「赤の広場」、と思い込んでいる人もいるようだが、残念ながらそれは違う。

名前の由来には次の2つの説がある。まず、赤いレンガ由来説である。赤の広場に立つと、目の前に赤いレンガで築かれたクレムリンの壁が延々と続いている。このことから、赤色の広場といわれるようになったという説である。

第二は、翻訳ミス説である。赤の広場はロシア語で「クラスナヤ・プローシシャチ」という。クラスナヤにはたしかに「赤い」という意味があるが、古代スラブ語では「美しい」を意味する。このことから、本来は「美しい広場」という意味で「クラスナヤ・プローシシャチ」と呼んでいたのではないかとされる。ただし、英語でもここは「Red Square」とされている。

大統領府などがある政治の中枢クレムリンの正面に広がる赤の広場。左側には玉ねぎ形の屋根を戴く聖ワシリィ大聖堂が見える。

歴代ハプスブルク皇帝の
まばゆき栄華、極まれり

シェーンブルン宮殿

神聖ローマ皇帝マティアスが狩りの途中で美しい水の湧き出る泉（Schönbrunn）を見つけ、「シェーンブルン」と名付けたという伝説が残る。

【登録名】シェーンブルン宮殿と庭園群
【所在地】オーストリア・ウィーン
【登録年】1996年
【登録区分】文化遺産
【登録基準】①④

シェーンブルン宮殿は、オーストリアの首都ウィーンの市壁の外に造られたバロック形式の宮殿で、「美しい泉」という意味を持つ。ウィーンを包囲していたオスマン・トルコ軍を破った「第2次ウィーン包囲の撃破」記念として、神聖ローマ皇帝ヨーゼフ1世が発案した。当初はパリのヴェルサイユ宮殿を超える規模の計画だったが、1696年に規模を縮小して建築が開始され、1700年にほぼ完成した。

その後、この宮殿の主人となったマリア・テレジアによって内装を含む設計変更が命じられ、18世紀中頃に完成。かたちは質素だが、壁に淡い黄色などの鮮やかな彩色が施されるという洗練された宮廷美学を具現化した建物に生まれ変わったのである。

19世紀初めにはウィーン占領中のナポレオン1世が一時的に居住し、1809年10月14日に、この宮殿で「ウィーン条約（シェーンブルン条約）」が結ばれた。また、18

14年から15年のウィーン会議では、この宮殿の大広間で舞踏会が連夜開かれ「会議は踊る、されど会議は進まず」という言葉が生まれるなど、この宮殿は常に歴史の表舞台であり続けた。

「大いなる英雄」マリア・テレジア

シェーンブルン宮殿とハプスブルク家は切っても切れない関係にある。というよりも、ヨーロッパ各地の歴史を見ていると、ハプスブルク家という言葉を聞かない土地は皆無といってもいい。約700年にわたって繁栄をほしいままにしたこの一族は、最盛期にはヨーロッパのほぼ全域を支配下におさめ、ヨーロッパの命運を我が手に握っていたのだ。そして、前出のマリア・テレジアも当然のようにハプスブルク家の一員だった。

マリア・テレジアはカール6世の娘としてこの世に生を享《う》けた。テレジアには兄がいたが、生後半年で亡くなってしまった。そこで父カール6世は、王家を他家に乗っ取られるのを恐れ、女性でも帝位を相続できるように法を改正してしまったのである。その結果、テレジアは1740年にオーストリアの支配者の座に就いた。

テレジアの支配に期待する者はほとんどいなかった。ところが、彼女は父の期待をはるかに超える勇気と聡明さを発揮し、ハプスブルク家にさらなる繁栄をもたらしたのだ。そのため、テレジアを指して「ハプスブルク家に大いなる英雄があらわれた」と語る者も多かった。

（上）東洋趣味を随所にちりばめた「漆の間」。晩年のマリア・テレジアが最も好んだ、夫フランツ・シュテファンの部屋。
（下）「会議は踊る、されど会議は進まず」の有名な言葉が生まれたウィーン会議が催された大広間や、6歳のモーツァルトが御前演奏した「鏡の間」など1441室のうち、約40室が一般公開されている。

テレジアは、女帝を迎えた国民の不安を払拭《ふっしょく》し、期待に応えるため、シェーンブルン宮殿に居を構えることを決意したとされる。改修と増築はテレジアが死ぬまで続けられ、彼女が好んで使った鮮やかな黄色は「マリア・テレジア・イエロー」と呼ばれているというから、シェーンブルン宮殿はまさしく、テレジアの宮殿といえるだろう。

戦わずして、結婚を通じてヨーロッパ制覇

ところで、なぜハプスブルク家はこれほどまでに繁栄したのか。これは、ヨーロッパ中世史最大の謎ともいわれている。

当時の貴族や豪族は、日本の戦国時代と同様に、戦争によって領土や財産を殖《ふ》やしていた。では、ハプスブルク家は戦争に強かったのか。

「オーストリア継承戦争（神聖ローマ皇帝位およびハプスブルク君主国の継承問題が発端となり、ヨーロッパの主要国を巻き込むことになった戦争）」と「七年戦争（ドイツの支配権および北アメリカ、インドの植民地支配をめぐって起き、ヨーロッパ列強のほとんどを巻き込んだ）」にも事実上負けているし、イギリス艦隊に敗れた無敵艦隊（スペイン）を所有していたのもハプスブルク家だった。

これだけ負けても、ハプスブルク家がヨーロッパの覇権を握り続けることができた秘密は「戦争はほかの者に任せておけ。幸いなるかなオーストリアよ、汝は結婚すべし」という同家の家訓にあるとされている。つまり、ハプスブルク家は戦いではなく政略結婚で勢力を広げるという方針をとり続けていた。そのため、ハプスブルク家の人々は、「結婚後の恋愛は自由」という当時の慣習には従わなかった。マリア・テレジアも添い遂げて16人もの子どもを産み育てたのである。

このように子孫を増やし、彼らを各国の王室や貴族に嫁がせることによって、ハプスブルク家は盤石の勢力を保ち続けたのだろう。

マリア・テレジア（右から2番目）には「女帝」と並んで「国母」という呼び名がある。政務の傍ら、初恋の人だった夫との間に16人の子どもをもうけ、育て上げた。

美しくも儚き皇妃エリザベートが愛した「ドナウの真珠」ブダペスト

ブダペスト市内で最も美しいといわれるくさり橋、その奥には「ドナウの真珠」を飾る壮麗な建物群が並ぶ。

【登録名】ドナウ河岸、ブダ城地区及びアンドラーシ通りを含むブダペスト
【所在地】ハンガリー・ブダペスト
【登録年】1987年、2002年
【登録区分】文化遺産
【登録基準】②④

ブダペストはハンガリーの首都であり、この国最大の都市である。もともとはブダとペストという2つの異なる都市だったが、1873年に合併して、ブダペスト市が誕生した。並木のある大通り、近代建築に囲まれた大きな広場や公園が点在するこの街は、ヨーロッパ屈指の美しさで、「ドナウの真珠」とも称される。だが、この美しさの陰で、ブダペストは今日まで複数の支配者の攻撃を受け、統治下に置かれ、さらにまた新たな支配者が訪れるという苦難の歴史を歩んできた。ブダペストの美しい街並みや歴史的な建造物も、破壊と再建を何度も繰り返し、ようやく平穏を取り戻したばかりなのである。

この地に人が住むようになったのはローマ時代の2世紀頃で、ローマ軍の駐屯地として栄えた。フン族が占領した後の900年頃、ハンガリー人の族長アールパードらがドナウ右岸に拠点を構え、当時の有力族長の名にちなんで「ブダ」と名付けた。同じ頃、ドナウ左岸にも町がつくられ、ペシュトと名付けられた。ちなみに、ペシュトとは石灰石を焼く窯のことで、これが後に「ペスト」となる。

15世紀に入ると、マチャーシュ1世が城の大改修を決意。その大改修の結果、ブダ城はルネサンス様式の華麗な王宮に生まれ変わり、ハンガリーも中欧一の大国に発展した。ところが、ブダは１５４１年にオスマン・トルコに占領されてしまう。新領主はフランシスコ修道院に住み、王宮は火薬保管庫として転用されたが、１５７８年に火薬庫が大爆発し、王宮は大きなダメージを受けてしまった。そして、17世紀に入りハプスブルク家によってイスラム教徒の手から奪回されたときには、王宮はただの瓦礫《がれき》の山となっていた。

ネオ・バロック様式の偉容を今に誇るブダ王宮。

堅苦しい宮廷生活になじめなかった王家の華

ブダペストを語るうえで避けては通れないのが、ハプスブルク家に嫁いだエリザベートである。バイエルン王の次女として生まれたエリザベートは、ヨーロッパの宮廷史に

（上）オーストリア＝ハンガリー二重帝国の成立に尽力したエリザベートの肖像。身長172センチ、体重50キロ、ウエスト50センチというモデル並みのスタイルだった。星形の髪飾りは、夫のヨーゼフ1世が、オーストリア宮廷・皇帝御用達の宝石店ロゼット＆フィッシュマイスター社に作らせたもの。ダイヤモンドの星型十角形と思われているが、実際は、八角形と十角形のものが作られたことが知られている。
（下）建国の王、聖イシュトヴァーンより受け継がれた、ハンガリーの聖なる王冠。国会議事堂に陳列されている。

その名を刻むほどの美女だった。オーストリア皇帝のヨーゼフ1世は、当時16歳だった彼女に一目惚れし、二人は結婚した。

二人の関係は良かったが、嫁と姑の関係は最悪だった。ヨーゼフの母のゾフィーは宮廷のしきたりに厳格だったが、エリザベートは自由奔放な性格で、二人は水と油のような関係だったのだ。

エリザベートは生涯にわたりさまざまな口実を見つけてはゾフィーのいるウィーンから逃避し続けた。それが裏目に出たようだ。やがてエリザベートは跡継ぎを生んだが、ゾフィーはその子たちを「自分の手元でハプスブルク家の王位継承者にふさわしい教育をする」と次々に取り上げてしまったのである。

子どもを奪われたエリザベートは、自由奔放な性格が頭をもたげ、あてのない旅に出るようになった。それは旅というより放浪としか言いようのないものだった。

ちょうどその頃、息子ルドルフ皇太子が自殺するという事件が起こる。彼女は喪服を着るようになったが、それでも放浪癖は収まることなく、側近の者が引きずり回される毎日だったという。1898年9月10日、スイスのレマン湖のほとりでくつろいでいたエリザベートは、イタリア人の無政府主義者の男に短剣を心臓に突き立てられ、その生涯を閉じた。

このように自由奔放に振る舞い続けたエリザベートだから、政治に関心を持つことはほとんどなかったが、一度だけヨーゼフに進言したことがある。それは「ハンガリーに大幅な自治を認めるように」という内容だった。その進言の理由はわかっていないが、マチャーシュ聖堂でのきらびやかな戴冠式が印象的だったためではないかとも考えられている。

ヨーゼフがエリザベートの進言を受け入れたことから、彼女はハンガリーの民衆に絶大な人気を得た。そして、ブダペストには彼女の名を冠した橋、広場、通りが今もたくさん残されている。

ブダの丘にそびえるマチャーシュ聖堂は、別名「戴冠教会」という。それは、1867年に、ヨーゼフ1世とエリザベートが、この教会で華やかな戴冠式を挙げたことに由来する。

「陽の沈まぬ国」を築いたフェリペ2世と
「青い血」の物語

アランフェス王宮

アランフェス王宮内、壁や天井が中国風の陶器で覆われた「陶器の間」。

【登録名】アランフェスの文化的景観
【所在地】スペイン・アランフェス
【登録年】2001年
【登録区分】文化遺産
【登録基準】②④

アランフェス王宮は、スペインの首都マドリードから南へおよそ50キロにあるアランフェスの町にある。町の名が文献に登場するのは7世紀頃のこと。ただし、当時はアラウス、アランスなどと呼ばれ、アランフェスという名になったのは15世紀頃のことである。マドリード州の最南端にあるアランフェスは11世紀頃からカスティーリャ王国とイスラム諸国の間で争奪戦が続いていたが、1178年にサンティアゴ騎士団に与えられた。15世紀末、カトリック両王（アラゴン王フェルナンド2世とカスティーリャ女王イサベル1世）によって王室の土地とされた後、16世紀のフェリペ2世時代からは王領地となった。

フェリペ2世は、ハプスブルク家出身のスペイン王で、ポルトガル王を兼ね、全世界に広がる広大なスペイン、ポルトガル両国の植民地を支配した優れた人物である。だ

が、家族には生涯恵まれずに過ごした。

たとえば、王太子時代の1543年に結婚したポルトガル王女マリア・マヌエラとの間に生まれたドン・カルロスは障害に悩んだ末、父に反逆して23歳で牢死。妻マヌエラは、カルロスをもうけた年に急逝した。そして、1554年に娶った2人目の妻でイングランド王国の女王メアリー1世は子どもを授からないまま1558年に死去。さらに、3人目の妻でフランス王アンリ2世の長女エリザベート・ド・ヴァロワも、結婚から9年後に亡くなるといった具合だ。

配偶者を立て続けに失ったフェリペ2世には「妻エリザベートと息子のドン・カルロスに毒を盛っていたのではないか」という疑惑が囁かれたが、真偽は不明のままである。

その後、フェリペ2世は神聖ローマ皇帝マクシミリアン2世の娘アナと結婚し、1578年に待望の跡継ぎフェリペ3世を授かった。しかし、スペイン帝国に黄金時代をもたらした父と比べると、フェリペ3世はいかにも器の小さな人物で「怠惰王」という屈辱的なニックネームを持つほどだった。

それに続くフェリペ4世も政治にまったく興味を示さず、国政のほとんどを側近たちに任せきりで乗馬や射撃に明け暮れるという「無能王」だった。彼らのためにスペイン帝国は衰退の一途をたどっていき、ついにフェリペ4世の息子カルロス2世は跡継ぎをもうけないまま1700年に39歳で急逝。スペインを144年間にわたって支配し続けたハプスブルク家は断絶したのである。

これほど無能な君主が続いてしまったのは、ヨーロッパ貴族たちが「青い血」にこだわりすぎたためといわれている。「青い血」とは、血管が透けて青く見えるくらい肌が白いということである。当時、肌が白いことは高貴の印であり、それを守るために家族や血縁で結婚する「近親婚」がさかんに行なわれていた。

たとえば、フェリペ2世の母イサベル・デ・ポルトゥガル・イ・アラゴンと父カール5世は従兄妹だったし、フェリペ3世の母アナはフェリペ2世の姪だった。さらに、カルロス2世の父母は、伯父と

王位を継いだフェリペ2世は、神聖ローマ帝国皇帝でもあった父カール5世の遺訓を守りカトリックの熱心な擁護者となる。人は彼を「王冠を被った修道士」と呼んだ。

姪の関係といった具合で、11回の結婚のうち、9回が三等親以内の親族との結婚だった。

どの程度、近親交配（近親婚）を繰り返したかを知る数値に「近交係数」というものがある。通常はかぎりなく0に近い（他人との結婚）ことが奨励されるが、スペインのサンティアゴ・デ・コンポステーラ大学とガリシア州ゲノム医療公益財団の研究によると、カルロス2世の近交係数はなんと0・254という高い数値だったという。ちなみにこれは、親子や兄弟姉妹と近親婚を行なったよりも高い。

近親婚が子孫に悪影響を及ぼすというのは有名な話だ。事実、カルロス2世は心身の障害に苦しみ、常に幻覚やけいれんに悩まされていたという。ヨーロッパの貴族たちは「青い血」を守ろうとした結果、自らを滅亡に導いたのである。

歴代の王たちの好みを今に残す、巧緻を極めた王宮

春と秋に王族が過ごす別荘としてアランフェス王宮の建築を命じたのは、そのフェリペ2世だった。しかし、建築中に数度の火災に見舞われて工事は大幅に遅れ、完成したのは18世紀のフェルナンド6世の治世時代だった。王宮は石とレンガを用いた左右対称

の構成、厳正な総体、高い気品を具現化したエレラ様式（代表的なスペイン・ルネサンス建築の様式）の建築スタイルで造られた。広大な庭園の正面には、この王宮の建設に携わった3人の国王、フェリペ2世、フェルナンド6世、カルロス3世の像が飾られている。

王宮内には27もの部屋があるので見どころは多いが、なかでも注目したいのが「陶器の間」だろう。この部屋は美しく彩色された陶器の装飾が施されており、息を呑む美しさである。

また、「アラブの間」は、アルハンブラ宮殿で最も美しいとされた「二姉妹の間」を模倣したもので、赤を基調とした壁の装飾、そして部屋を圧倒するほど大きなシャンデリアが観光客の心を捉えて離さない。

極彩色のモザイクで飾られた「アラブの間」など個性的な部屋が連なるアランフェス王宮。

さらに、「舞踏の間」と名付けられた音楽ホールには、エウヘニア・デ・モンティホ（ナポレオン3世の妃）からイザベル女王へ贈られたピアノが今もそのまま置かれている。このほかにも、白と赤を基調とした宮殿正面部分、内部のロココ様式の手すりが施された階段、鏡の間などなど、素晴らしい部屋が次々にあらわれる。

王宮の隣を流れるタホ川の水を引き込んで造られた庭園には「農夫の家」「王子の庭園」「鳥の庭園」などと名付けられた美しいエリアが点在し、多くの噴水や像で飾られている。かつては王室の農業試験場の役目もあり、スペイン黄金時代に世界各地から集めた珍しい植物が栽培されていた。

庭園は「王子の庭園」だけでも150ヘクタールを超える広大さで、徒歩では移動しきれない。そのため、庭園内にチキトレンと呼ばれる電車型観光バスが走っている。

美しい宮殿に魅せられた芸術家たち

ところで、アランフェスという言葉を聞くと「アランフェス協奏曲」を思い浮かべる人もいるはずだ。「アランフェス協奏曲」は盲目の作曲家ホアキン・ロドリーゴが1939年に発表したギター協奏曲である。

曲は3楽章からなるが、ロドリーゴはこの地を新婚旅行で訪れた際、この協奏曲のなかで最もロマンティックで美しいとされる第2楽章のアダージョのイメージをつかんだという。そのため、ロドリーゴはこの協奏曲を第2楽章から書き始めたとされる。

また、スペインの主席宮廷画家だったゴヤが1800年頃に描いた縦280センチ×横336センチの大作「カルロス4世の家族」は、この王宮で描かれたものである。ゴヤはこの絵を描くにあたり、カルロス4世をはじめとした家族13人を、このアランフェス王宮に出向かせたといわれる。ちなみに、この絵はプラド美術館で鑑賞することができる。

『カルロス4世の家族』（フランシスコ・デ・ゴヤ画、プラド美術館蔵）。カルロス4世は皇帝としての能力がなく、「スペイン史上最悪の王妃」と悪名高いマリア・ルイサの愛人マヌエル・デ・ゴドイに政治の舵取りを丸投げし、亡命の憂き目に。

溜め息が出るほどの黄金で
埋め尽くされた美の殿堂

エカテリーナ宮殿

エカテリーナ宮殿内、琥珀で埋め尽くされた「琥珀の間」。第二次世界大戦時、ナチスドイツの侵攻によって、宮殿内にあったロマノフ王朝の秘宝とともに「琥珀の間」の装飾は略奪されたが、24年の歳月をかけて2003年に復元された。

【登録名】サンクト・ペテルブルグ歴史地区と関連建造物群
【所在地】ロシア・サンクトペテルブルク
【登録年】1990年
【登録区分】文化遺産
【登録基準】①②④⑥

サンクトペテルブルクは、今でこそモスクワに次ぐロシア連邦第二の大都市だが、17世紀まではスウェーデンの要塞があるだけの荒れ果てた湿地帯だった。この要塞があるために、ロシアはバルト海への道を閉ざされ、ヨーロッパへは北極海を経由せざるをえなかった。

1697年、18か月にわたってヨーロッパ各国を視察したピョートル大帝は、「ロシアを西欧化して近代国家にすべき」という決心をした。そのため、大帝はまず北方戦争（1700－21）に勝利してこの地を奪還すると、その後まもなく、首都機能をここに移すと発表したのである。

大帝のこの決断は、政治家たちが卒倒するほど突拍子もないものだった。すでに述べた通り、そこは何もない湿地帯だったからである。

しかし、当時の大帝には絶対的な権力があり、工事はすぐに始められた。ただ、工事は筆舌に尽くしがたい過酷なもので、完成までに1万人以上の人命が失われたという。

1712年、ヨーロッパの大都市と比べてもまったく遜色《そんしょく》のない壮大で華麗な新都が誕生した。ヨーロッパ各国から一流の建築家を招き自由に腕を振るわせた結果、さまざまな様式の建物が立ち並ぶ美しい街並みとなり、その周囲には川から引き入れた水で造った分流と運河が網の目のように走り、これが主要な交通路の役割を果たすという斬新な都市だった。

遷都を命じたピョートル大帝は、自分と同名の聖人の名にちなんで、「聖ペテロの街」という意味の「サンクトペテルブルク」と命名した。

なぜドイツ出身の小娘がピョートル大帝の遺志を継いだのか

美しい街並みと運河が織りなす光景から、サンクトペテルブルクは「北のヴェニス」とも呼ばれている。その美しい街のなかの白眉が、「夏の宮殿」とも呼ばれるエカテリーナ宮殿である。

宮殿は、「北のヴェルサイユ宮殿」ともいわれるロシアバロック様式の美しい建物だが、実は最初からこうした華麗さを放っていたわけではなかった。

宮殿の建築を命じたのは第2代ロシア皇帝エカテリーナ1世（ピョートル大帝の妃）だった。彼女はドイツ人建築家を招き、夏の避暑用の離宮を造らせた。

だが、そのデザインは、当時としてもすでに時代遅れだった。そこで、第6代ロシア皇帝となったエリザベータが、改築を命じたのだ。改築は4年の歳月を費やす大規模なものとなり、1756年に全長325メートルの宮殿が完成した。

内装の豪華さは言葉に尽くせないほどで、色とりどりの大理石、孔雀石、金箔、高級な木材、シャンデリアなどが惜しげもなく随所

歴代皇帝の夏の離宮だった「エカテリーナ宮殿」。18世紀、ロシアに漂流した大黒屋光太夫は、エカテリーナ2世に謁見し、帰国の許可を得た。

に使われているが、そのなかでも「琥珀《こはく》の間」は、部屋全体の装飾が琥珀で造られているという素晴らしいものである。

ちなみに、この豪華絢爛なエカテリーナ宮殿が完成する以前は、やはり世界遺産となっているペテルゴフ宮殿が「夏の宮殿」と呼ばれていた。こちらの宮殿の目玉は150もの豪華な噴水だ。

ルイ14世様式の大宮殿の入り口には7段の階段を流れ落ちる大滝が設けられている。さらに、あちこちに金色に輝く彫像が置かれ、「ライオンと戦うサムソンの像」のライオンの口からは20メートルもの高さに水が噴き上げられているという贅沢さである。

ピョートル大帝は、サンクトペテルブルクを基点にしてロシアを名実ともに世界一の国家にしようと目論《もくろ》んでいたが、志半ばで逝ってしまった。だが、彼の志を継いだ者がいた。それは、意外なことにエリザベータの養子、ピョートル3世の嫁としてドイツからやってきたエカテリーナ2世だった。

ピョートル3世には皇帝としての資質が欠落しており、このままではロシアは破滅すると恐れた貴族たちによって革命が勃発《ぼっぱつ》。ピョートル3世は軟禁され、それにかわってエカテリーナ2世が皇帝の座に就いたのである。

（上）サンクトペテルブルク誕生の父、初代ロシア皇帝ピョートル大帝が築いたペテルゴフ宮殿。出色なのは庭園を彩る150もの噴水。
（左）エカテリーナ２世の肖像画。不能の皇太子ピョートル３世と結婚させられた彼女には、晩年まで夜ごと男を変えて寝室をともにしたという伝説もある。

エカテリーナ2世は、皇位継承時にあった莫大な国家の借金を精力的に返済しただけでなく、芸術や文化にも多大な貢献をして、サンクトペテルブルクをヨーロッパの各都市にも負けない文化的都市へ変貌させた。

そのため、サンクトペテルブルクの市民たちは今も「都を建てたのはピョートル大帝だが、都に魂を入れたのはエカテリーナ2世だ」と彼女の偉業を讃えている。

だが、エカテリーナ2世はドイツ生まれの、いわば外様《とざま》である。その女性がなぜ、ロマノフ王朝の正統の帝位に就くことができたのか。そして、周囲の貴族もそれを認めたのはなぜなのか。

これは長い間謎とされてきたが、最近になって、「どうやらロシア人たちは、血筋よりも国家運営の巧みな人物を皇帝に選ぶべきという価値観を持っているらしい」ということがわかってきた。

名より実を取る――ロシア人たちから受ける質実剛健のイメージは、18世紀にすでに存在していたようである。

1000年以上にわたって自由と独立を保った「水の都」ヴェネツィアとその潟

訪れる者を陶酔させる美都ナポリ。多様な支配者があらわれた歴史は、独特の風景と文化を生み出す源に。

【登録名】ヴェネツィアとその潟
【所在地】イタリア・ヴェネツィア
【登録年】1987年
【登録区分】文化遺産
【登録基準】①②③④⑤⑥

ヴェネツィアは北イタリア・ベネト州の州都で、アドリア海の最も奥まった潟の上に人工的に造られた。１２０以上の島々と、それらの間に横たわるリオと呼ばれる約１５０の運河、そして４００にも及ぶ橋で構成される水の都である。

現在の地に住民が住み始めたのは5〜6世紀頃とか。ゲルマン人の侵入から身を守るため、本土に住んでいた市民が潟のなかに浮かぶ小さな島々に避難したのがきっかけだった。島は足場の悪い湿地帯で、侵入者は追ってくることができなかったのだ。そして８１１年、フランク王国の脅威が迫ってくると、防衛上有利な現在の地に都市の建設が始まったわけである。

だがヴェネツィア人たちは、軟弱な地盤の潟の上にいったいどうやって大理石などを使った建物を建てたのだろうか。ヴェネツィアの建築は、まずカラント層と呼ばれる粘土層に直径20センチ、高さ5〜10メートルほどのカラマツの杭を無数に打ち込むことから始まった。潟の底には軟らかな泥土が堆積しているが、その下のカラント層は、ある程度の強度を保つことができるのだ。水のなかに木の杭を打ち込めば腐ってしまう……こう考える人もいるだろう。しかし、木が腐るのは水と空気の両方に晒《さら》されたときで、杭を頭まですべて水面下に打ち込んでしまえば腐る心配はなくなるのだ。

無数の杭を打ち込み終わったら、その上に木の板を何枚も並べた。さらにユーゴスラビアから運んできた水に強いイストリア石を並べ、基礎を造る。そして、レンガを積んで建物本体を建てるという手順である。このような、一見無謀にも思える建築工法は、現在用いられているパイルド・ラフト基礎という工法とほぼ同じもので、東日本大震災でも問題になった地盤液状化にも対抗できる優れた技術なのである。

文献を調べるとヴェネツィアに街が建設されてから今までに3度、大規模な地震に見舞われている。震度やマグニチュードはわからないものの、1451年2月に発生した地震は「大地震だった」という記述がある。さらに、1522年にも地震があったという。こうした地震に襲われながら、ヴェネツィアの建築物は今も残って

ヴェネツィアのシンボルにしてビザンチン建築の傑作、サン・マルコ寺院内部の黄金装飾。

いる。それは、この工法がいかに優れているかの証拠といえるだろう。

ペストの流行によって力を失った「アドリア海の女神」

この美しい街はローマ帝国の地中海支配が終わってからも、アジアとヨーロッパを結ぶ重要な中継都市としての性格を持ち続けた。そのため、経済だけではなく、文化面でもアジアの影響を強く受け、独自の文化が花開き、ヴェネツィアングラスなどの特産品が生まれるようになる。こうして自由と独立を貫く共和体制を堅持し、高い都市文化を築いたヴェネツィアは「アドリア海の女神」と讃えられた。

ところで、現在の優雅な姿からは想像もつかないが、ヴェネツィアは戦争に強い国でもあった。たとえば13世紀初頭には、第4回十字軍とともにヴェネツィア艦隊が東ローマ帝国首都のコンスタンティノープルの攻略成功。同地にヴェネツィアの傀儡《かいらい》政権であるラテン帝国を創設した。また、1570年にオスマン・トルコ軍がヴェネツィア領だったキプロスに上陸すると、ヴェネツィアは、スペインなど地中海沿岸諸国とともに300隻あまりの同盟艦隊を編成した。同盟艦隊の出撃を知ったオスマン・トルコ軍は、285隻の軍艦をキプロスからギリシアのレパントへ移動した。そこで同盟艦隊もレパントへ向かい、ついに両者は激突することとなった。

このとき、オスマン・トルコ軍の指揮官メジンザード・アリ・パシャは、「湾内にとどまって時期を待つのがいい」と勧める側近のアドバイスを退け、外海での決戦を選んだ。だが、同盟艦隊は弓形に船列を組んだため、突撃してきたオスマン・トルコ軍は三方から

(上) 行政庁の要として建てられたゴシック建築の至宝。1000年以上にわたって共和国として繁栄した歴史を物語るドゥカーレ宮殿。
(中) ドゥカーレ宮殿と牢獄を繋ぐ「ため息橋」。ゴンドラに乗って、日没の時間にこの橋の下でキスをすると、永遠の愛が約束されるといわれている。
(下) ナポレオンが「世界一美しい広場」と讃えたサン・マルコ広場周辺。

囲まれてしまい、軍艦285隻のうち25隻が沈没、210隻が拿捕《だほ》、さらに3万人近くの兵士が捕虜になるという大敗を喫したのである。

この大敗北は、オスマン・トルコ帝国の歴史始まって以来の汚点だった。トルコ人は、今もこのレパントの海戦を「沈んだ艦隊の戦い」と呼ぶ。これとは逆に、今まで無敵と恐れられてきたオスマン・トルコ軍を破ったことはヴェネツィアだけではなく、ヨーロッパ全土の士気を高めた。そして、「オスマン・トルコ軍撃破！」の報せが届いたヴェネツィアでは、町じゅうが花で飾られ、人々は抱き合ってキスをしたという。

この頃のヴェネツィアは繁栄を謳歌《おうか》していたが、16世紀後半にペストが大流行し、わずか半年で島の人口の4分の1以上にあたる5万人の死者を出し、急速に衰えてしまう。さらに1630年にも再びペストが猛威を振るうと、またもや島民の4分の1を喪失する。ペストがおさまった後のヴェネツィアには、もはや全盛期の力はなく、1669年には地中海最後の砦《とりで》クレタもオスマン・トルコに奪われ、地中海域の領土のすべてを失ってしまった。そして、それから110年後の1797年にはナポレオンの侵略により、ついに共和制は崩壊したのだった。

東アジア オセアニア

中国・四川省九寨溝の五花海。

「世紀の発見」よりも先に遺跡群を訪れた日本人がいる

アンコール

ビシュヌ神に捧げられたアンコール・ワット。９世紀から約600年間続いたクメールの王朝は、アンコール・ワットをはじめとする大小700に及ぶ石造りの遺跡を残した。

【登録名】アンコール
【所在地】カンボジア・シェムリアップ
【登録年】1992年
【登録区分】文化遺産
【登録基準】①②③④

アンコール遺跡群は９世紀から１４３２年まで栄えた古代クメール王国・アンコール朝時代に造られた寺院の跡である。この遺跡群は、カンボジアの首都プノンペンの北西２５０キロ、トンレサップ湖の北端に位置している。プノンペンから飛行機でも１時間かかる距離で、一帯は緑の海と形容できるほど樹影の濃い熱帯雨林で覆われている。

アンコール遺跡群のなかでとくに有名なのが、アンコール・ワットとアンコール・トムだろう。アンコール・ワットはスールヤバルマン２世（在位１１１３〜50年頃）の霊廟として建造された東西１５００メートル、南北１３００メートルという広大なヒンドゥー教の大寺院だ。ちなみに、ワットとはクメール語で「寺院」の意味である。砂岩のブロックと鉄分を多く含む紅土《こうど》で造られた建造物は、その美しさからクメール王朝が残した最高傑作と称されている。

寺院は4重構造になっており、いちばん外側が幅190メートルの濠《ほり》に囲まれている。濠に沿って回廊が設けられ、参道を東へ進むと第一回廊（南北180メートル、東西200メートル）があらわれるが、ここは無数の彫刻が施されていることで知られる。なかでも大きいのは、西面北にある『ラーマーヤナ』の説話だ。ラーマ王子と猿がランカー島で魔王ラーヴァナと戦う場面がいきいきと描かれているが、このラーマ王子の顔は建立《こんりゅう》者のスーリヤヴァルマン2世を模したものとされている。

この内側には第二回廊（南北100メートル、東西115メートル）が設けられているが、第一回廊と第二回廊の間は「千体仏の回廊」と呼ばれ、過去には信者から寄進された無数の仏像が納められていた。だが、カンボジア共産党（クメール・ルージュ）によってすべて破壊され、現在は何も残っていない。

第二回廊の内側は、アンコール・ワットの中心部にあたり、一段高くなっている。そして壇上に第三回廊（一辺60メートルの正方形）がある。この第三回廊の内側中央には、高さ65メートルにも及ぶ中央塔堂がそびえている。ここに奉られている王は死後の幸福を願って、ヒンドゥー教三神の一つで宇宙維持・世界救済の神といわれるビシュヌ神に帰依《きえ》していた。そのため、本来ならこの寺院の中央塔堂には、ビシュヌ神を本尊とする石像が奉られていなければならないのだが、残念ながら現存しないのだ。これもおそらく、クメール・ルージュによって破壊されてしまったのだろう。

ところで、このアンコール・ワットは、1860年にフランス人の博物学者アンリ・

(上) 2001年8月、上智大学アンコール遺跡国際調査団がアンコール王朝最盛期の仏像274体の発掘に成功した（写真の仏像は2010年8月に同調査団が再び発掘したもの)。
(下) アンコール・ワット、第一回廊西面北にある浮彫。

ムオが動植物の調査で熱帯雨林のなかを彷徨っているときに偶然発見したといわれている。しかし、実はそれ以前にもこの地を訪れた者がいる。その人の名は森本一房《かずふさ》。なんと江戸時代前期の平戸藩士で、加藤清正の重臣森本一久の次男である。

主君清正と父一久が相次いで死んだ後、お家騒動が勃発したことに嫌気が差し、一房は肥前国の松浦氏に仕えた。松浦氏は平戸港を起点にして国際貿易を積極的に行なっていたので、一房は朱印船に乗る機会を得たようだ。

1632年、父の菩提《ぼだい》を弔うためカンボジア（南天竺《てんじく》と呼ばれ仏教の聖地とされた）に渡った一房がどのようにしてアンコール・ワットまでたどり着いたかは不明だが、彼はここをインドの祇園精舎《ぎおんしょうじゃ》と思い込んでいたらしい。

なぜ、一房がアンコール・ワットを訪れていたとわかるのか。実は、彼は千体仏の回廊に墨筆を残していたのである。ちなみに、この墨筆の跡は1970年代の戦乱中に損傷し、内容はほとんど読み取れなくなった。

15世紀に放棄された巨大都市アンコール・トム

アンコール王朝が残したもう一つの遺跡がアンコール・トムだ。アンコール・ワット

アンコール・トムの中心にあるバイヨンの四面塔群。それぞれの顔が少しずつ異なり、「クメールの微笑み」と呼ばれる表情を浮かべている。

の北に位置する城塞都市遺跡である。12世紀後半にジャヤーヴァルマン7世によって建設されたといわれ、「巨大な都市」という意味を持つ。その名の通り、遺跡は一辺が約3キロの濠と、周囲は高さ8メートルの城壁で囲まれている。

アンコール・トムのなかで最も重要な建造物は、敷地内の中央に建つバイヨン（中心山寺）だ。高さは45メートルにも及び、その上部には東西南北の四面にそれぞれ巨大な人面が彫られている。当初、これら4つの人面は、仏陀《ぶっだ》と仏陀の生まれ変わりであるジャヤーヴァルマン7世を表していると考えられていたが、最近の研究でヒンドゥー教のシバ神の可能性が浮上してきた。

なぜ、こうした誤解が生じたのか。それは、この寺院で仏教とヒンドゥー教がかなり混合して信奉されていたからである。

この寺院自体、もともとは仏教を讃えて造られたものと思われるのだが、同時に、あちこちにヒンドゥー教の宇宙観を象徴する寓意的な建築パターンが見られるのだ。それは、歴代の王によって繰り返し改築されたために起きたとされている。

だが、1431年にタイのアユタヤ王朝に侵略された後は、アンコールの地に首都が戻ることはなく、熱帯雨林に覆われて忘れ去られることとなった。

1000年以上も土中に埋もれていた世界最大の仏教遺跡 ボロブドゥール寺院

ボロブドゥールの日の出。開園時間の6時になると観光客が一気に増える。

【登録名】ボロブドゥル寺院遺跡群
【所在地】インドネシア・ジョクジャカルタの北西約40キロ
【登録年】1991年
【登録区分】文化遺産
【登録基準】①②⑥

ボロブドゥール寺院遺跡は、インドネシアのジャワ島中部、ジョクジャカルタの北西約40キロにある。自然の丘の上に盛土をし、その上に厚さ20～30センチほどの安山岩や粘板岩の切り石を積み上げて造られている。遺跡の大きさは120メートル四方という巨大なもので、その上に6層の方形段と3層の円段が載り、最上段にはストゥーパと呼ばれる仏塔が載せられている。当初は高さ42メートルにも達していたが、現在はストゥーパの上部が破損し、33・5メートルとなっている。

遺跡は大乗仏教の説く宗教理念を表すものとか、華厳《けごん》経的世界観を具現したものともいわれている。だが、決定的な証拠は出ておらず、オランダの学者バーネット・ケンペルス博士のように、「ボロブドゥール遺跡は宇宙の縮図である」と主張する専門家もいるほど特異なのである。

幾層にも重ねられた建造物はどの面から見ても同じで、どこが正面なのかは未だにわかっていない。つまり、明らかに一般的な寺院とは異なる造りになっている。

また、この遺跡の頂上・中心仏塔へ行くためには、ぐるぐる回りながら5キロもの回廊を上らなければならない。上るにつれ、方形段一は次第に小さくなっていくが、基壇は「欲界」を表し、第二段は欲望は超越したもののまだ肉体をもつ「色界」、第三段は悟りの世界「無色界」を表すといわれている。このことから、この回廊を上ることとは仏道の修行の道を象徴していると考えられている。

頂には世界最大のストゥーパが空を突き刺すように立っており、その周囲には72基の中空の釣り鐘型ストゥーパが並び、それぞれのなかに仏座像が一体ずつ納められている。

また、回廊の壁には1460面の仏典の絵解きと1212面の装飾浮彫がびっしりと隙間なく彫り込まれ、そのなかには実に1万人以上の天女、人首鳥身像が刻まれているというから、ただただ、溜め息をつくしかない壮大さである。

基壇は「欲界」、第二壇は「色界」、第三壇は「無色界」という、仏教の世界観「三界」を表している。

ある人はボロブドゥールを見て「石造りの仏教美術館」という感想を漏らしたそうだが、まさに言い得て妙といえるだろう。

200万個以上の石を積み上げたのは誰なのか

14世紀半ばにはボロブドゥールの存在はすでに知られていたようだが、この遺跡が世界的に有名になったのは、1814年にジャワの副総督を務めたイギリス人・ラッフルズと技師のコルネリウスが再発見したことがきっかけだった。

インドネシアはオランダの植民地だったが、1811年から16年までの間だけイギリスがジャワを統治していた。このとき、たまたまジャワの副総督として赴任したラッフルズは「ジョクジャカルタの奥に、素晴らしい遺跡があるらしい」という噂を耳にしたのである。ラッフルズはもともと考古学好きだったので、自費で捜索隊を組織して森林の奥に進んでいった。

ところが、遺跡があるとされる場所にたどり着いても、いくつかのストゥーパの先端が見えるだけだった。時とともに、遺跡の大半は土中に埋もれてしまっていたのである。

ラッフルズは必死に発掘を試みたが、遺跡は溶岩流に飲み込まれていて作業は困難を極め、遺跡全体を掘り出すだけでも3年かかったという。

その後、インドネシアの統治権はオランダに奪還され、1907年から5年間にわたってオランダ人技師ファン・エルプが大規模な修復工事を行ない、（ほぼ）現在の姿に整えられた。

修復工事が終了しても、解明されない謎があった。それは、この巨大な遺跡をいったい何者が造ったのかということである。クフ王のピラミッドと同じ200万個以上の石を積み上げ、数十年をかけてこれだけの遺跡を建造できるのは、強大な権力者以外にはあり得ない。

発掘によって、基壇の下から古代ジャワ

5キロにわたる回廊の壁には、ブッダの生涯を描いたレリーフが続く。

文字が記された石が発見され、それによってボロブドゥールの建設時期は760～840年頃であると明らかになった。そして、その時代にこの地域を制覇していたのは、シャイレーンドラ王朝だという記録はある。

だが、この王朝に関する記録は「856年に最後の王がシュリヴィジャヤ王国に逃れた」とされるのが唯一のもので、成り立ちや歴史を示すものは一切残っていないのだ。

これだけの建造物を造るには莫大な資金が必要だったはずだが、その資金がどこから、どのようにして得たものかということも、まったくわかっていない。謎だらけのシャイレーンドラ王朝の実体が解明される日は来るのだろうか……。

釈迦をめぐるさまざまな物語が刻まれた回廊をたどり頂上に到ると、72基のストゥーパが整然と配置されている。ストゥーパすべてに仏座像が一体ずつ納められている。

「天上の7つの楽園もしのぐ」といわれる廟が語り継ぐ愛の重さ タージ・マハル

ムガル帝国第５代皇帝シャー・ジャハーンが、亡き愛妃のために建てた霊廟。左右対称にミナレットと呼ばれる尖塔を従え、石を積み上げたドームが真ん中に構える。

【登録名】タージ・マハル
【所在地】インド・アーグラ
【登録年】1983年
【登録区分】文化遺産
【登録基準】①

タージ・マハルはインドのアーグラ市にある。ムガル帝国の第5代皇帝シャー・ジャハーンが造営した愛妃の廟墓である。ちなみに、タージ・マハルの名は、その愛妃の名ムムターズ・マハルに由来したもの。着工から完成まで17年から22年を要したという。

カレンダーなどでも見かけておなじみだが、建物は実に見事である。広大な庭園の三方を壁で囲み、ヤムナー川を背負う場所に白大理石造りの廟堂が建っている。廟堂の大ドームは高さ58メートル。さまざまな色の貴石を象嵌《ぞうがん》して壁面が飾られているほか、透かし彫りや浮き彫りによる繊細な装飾なども施されている。さらに、その四隅をミナレットと呼ばれる尖塔が囲んでいる。

そして、大広間の中央に王妃の墓石、その奥には王の墓石が置かれている。しかし、実はこの墓石は見せかけのもので、遺体を納めた本当の墓石はこの部屋の下に設けられた地下室に安置されている。

その類いまれな美しさと高貴さから、「その威容と美しさは、天上の7つの楽園をもしのぐ」と記されたほどだった。いくら愛しい妃とはいえ、シャー・ジャハーンがこれほど大規模な墓を造ったのはなぜなのだろうか。

黒いタージ・マハルも計画していたシャー・ジャハーン

シャー・ジャハーンは戦い好きな皇帝である。1630年には南方のデカン高原へ向かっていた。南インドも我がものにしようと考えていたのである。

このとき妃は妊娠していたが、皇帝はことのほか妃を愛していて、戦地にも妃を伴っていた。ところが翌年、中部インドのブルハンプルで無事子どもを出産したものの、妃は産褥熱《さんじょく》がもとでこの世を去ってしまったのだった。

皇帝は嘆き悲しみ、国民に「2年間の喪に服すように」と命じると、あれほど好きだった戦いにも出かけなくなり、笑顔を取り戻すことは生涯なかったという。

22年もの歳月をかけて建てられたタージ・マハルの大楼門。

ちょうどこの頃、インドでは廟を造ることが一種のブームになっていた。シャー・ジャハーンは、今まで戦争に向けていた情熱をすべて注ぎ込み、このタージ・マハル造りに没頭した。しかし、完成まで20年前後を要したといわれるタージ・マハルの建築には、とてつもない費用がかかり、ムガル帝国の屋台骨を揺るがすこととなった。

そのうえ、シャー・ジャハーンはタージ・マハルの完成後に、ちょうどタージ・マハルと向き合う場所に、黒大理石を使って自らの廟を造営しようとしていたのである。イスラム建築は対称性を持つことが原則とされ、シャー・ジャハーンもそれを踏襲しようとしたのだろうと考えられている。

しかし、この計画は皇帝の息子のアウラングゼーブの反対にあって、シャー・ジャハーンは捕らえられてしまう。そして、黒大理石の廟の予定地近くのアーグラ城に幽閉された。そこからタージ・マハルを眺めて死ぬまで泣き暮らし、74歳で妃のもとへ旅立ったという。

褒美のかわりに両腕を切り落とされた職人

タージ・マハル最大の謎は、誰がこの建物を設計・建築したのかということである。

通常、国家的規模の建築物には公式な記録が残されるのだが、タージ・マハルにはそれが存在しないのだ。なぜか。

理由として考えられているのは、シャー・ジャハーンがタージ・マハルと同じ建物を二度と建てられないようにしたかったからだという。

彼のこの気持ちは想像以上に強く、たとえばタージ・マハル建築の中心を担ったとされる職人は、廟が完成すると王宮に呼ばれ、「これが褒美だ」と剣で両手を切り落とされたと伝えられる。また、ヴェネツィア出身の金細工師は、３００万ポンドという大金でタージ・マハルの建設を請け負ったとされるが、スペイン人の托《たく》鉢《はつ》僧が残した記録によると、この金細工師も口封じのために皇帝に斬首されたという。

並んで安置されている皇帝と王妃の棺のレプリカ。

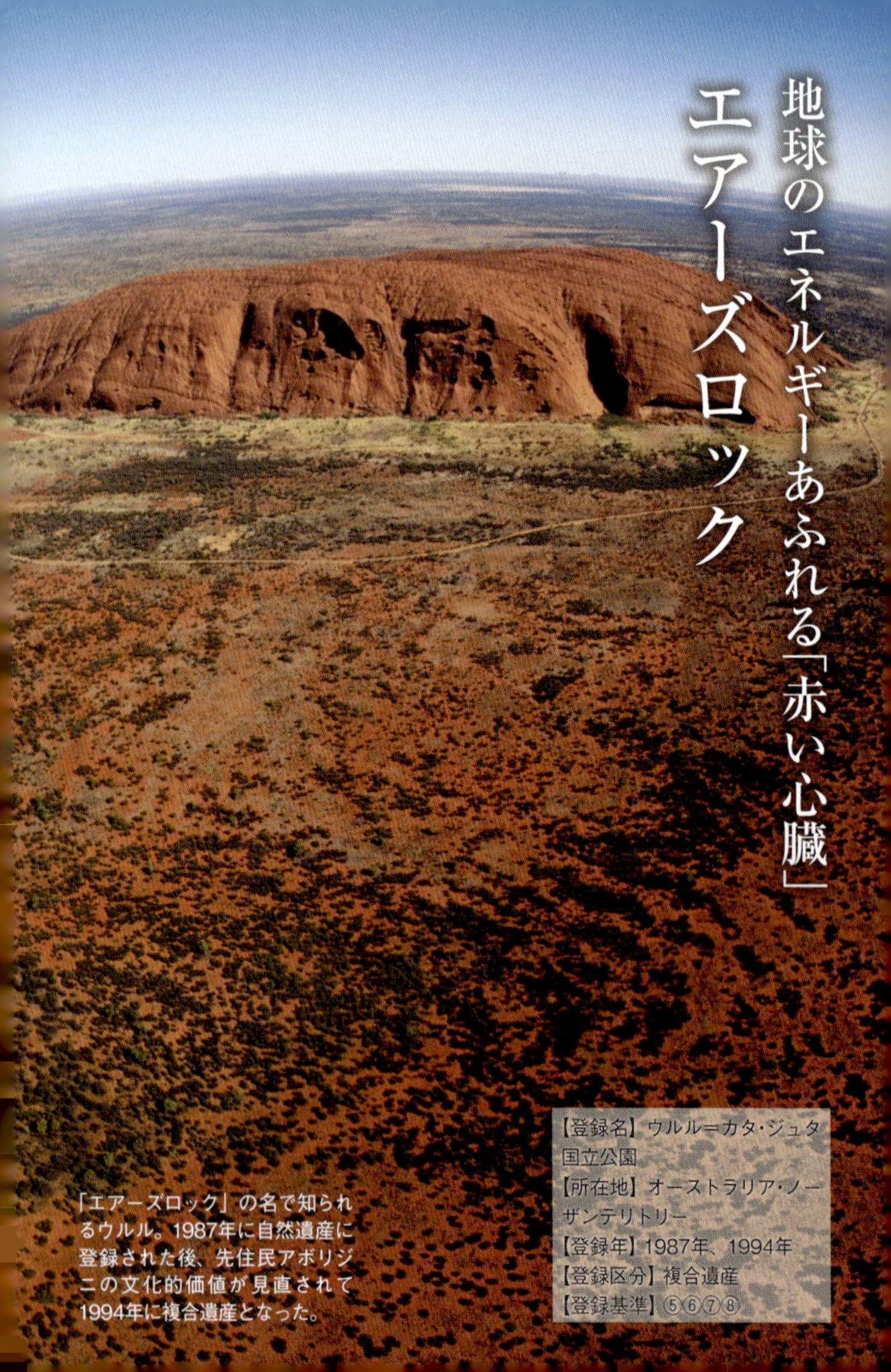

地球のエネルギーあふれる「赤い心臓」エアーズロック

「エアーズロック」の名で知られるウルル。1987年に自然遺産に登録された後、先住民アボリジニの文化的価値が見直されて1994年に複合遺産となった。

【登録名】ウルル＝カタ・ジュタ国立公園
【所在地】オーストラリア・ノーザンテリトリー
【登録年】1987年、1994年
【登録区分】複合遺産
【登録基準】⑤⑥⑦⑧

ウルル＝カタ・ジュタ国立公園は、オーストラリア大陸のほぼ中央部、ノーザンテリトリーにある。この国立公園のなかで最も有名なのが、ウルルと呼ばれる巨大な一枚岩である。

ウルルとは、即ち「エアーズロック」である。「大地のヘソ」「地球のヘソ」「オーストラリアの赤い心臓」などの異名を持つ、地面に置き忘れられたようなこの巨大な岩は、比高（地上からの高さ）３４８メートル（標高８６８メートル）、周囲は９・４キロもあり、その表面には無数の縦縞が刻まれている。

時間によって刻々と色が変わることでも知られ、朝と夕には鮮やかな赤色に輝く。このように発色するのは、岩に多く含まれる鉄分が酸化して赤色を帯びているためである。

エアーズロックという名は、１８７３年にイギリスの探検家ウィリアム・ゴスが命名したものだ。彼は、大陸中央部の探検中にこの大岩を発見したが、当時のサウス・オーストラリア植民地総督ヘンリー・エアーズにちなんで「エアーズロック」と名付けた。だが、オーストラリアの原住民のアボリジニは、昔から「ウルル」と呼んでいて、1980年代後半からウルルが正式名称として使用されるようになった。

「ウルルは世界一巨大な一枚岩」と称されるが、残念ながらこれは誤り。世界一巨大な一枚岩は、ウルルから西へ2000キロほど離れたところのマウント・オーガスタスとされている。マウント・オーガスタスの比高は858メートル（標高1105メートル）、底面積は4795へクタールで、ウルルの約2・5倍の規模である。

カタ・ジュタと地下でつながっているといわれるウルル

ところで、ウルルから30キロ離れたところにカタ・ジュタと呼ばれる奇岩群がある。名前からわかる通り、ここもウルル＝カタ・ジュタ国立公園として世界遺産に登録されているが、このカタ・ジュタとウルルは地下でつながっているという説がある。

5億年ほど前に形成された砂岩の地層が、4億年前に起きた地殻変動によってUの字形に変形し、両端が地表にとび出してしまった。その後、周囲の土砂が風雨で浸食され、一方がウルルに、もう一方がカタ・ジュタになったというのだ。

この説によれば、地表に出ている部分は岩のわずか5パーセント足らず。つまり、すべてが表出したら、マウント・オーガスタなど足もとにも及ばない一枚岩ということになる。

ウルルについては、ほかにもユニークな説がある。それは、カタ・ジュタの一部をレーザーで切り取って現在の位置に移動したというものだ。

その証拠とされるのが、カタ・ジュタの表面に残された、ただれたような跡である。たしかにそれは、まるで高熱に晒されてできたように見えるのである。

また、衛星写真で見ると、カタ・ジュタの中央部には違和感のある三角形の空白地帯がある。そこへウルルを当てはめてみると、不思議

カタ・ジュタはアボリジニの言葉で「たくさんの頭」を意味し、大小36個の巨石群で形成されている。

なことにピッタリとはまるのである。

巨大な一枚岩をレーザーで切り取り、30キロも運ぶなどということは、現在のテクノロジーをもってしてもできることではない。となれば、古代に地球を訪れていた異星人がやってのけたということになるのだが、彼らの目的はいったい何だったのか？

その理由を知ることなど不可能だが、一つ示唆的なことがある。カタ・ジュタを上空から見ると、東側に横長の岩山が6つほど平行に並んでいる部分がある。その岩山の間に直線を引き、そのまま西へ延長していくと、その先にはなんと太陽と月のピラミッドとして知られるテオティワカンの遺跡に到達するのだ。テオティワカンについては後ほど詳しく説明するが、やはり異星人との関係が囁かれている遺跡なのである。

ウルルとカタ・ジュタはアボリジニの聖地とされ、さまざまな神話が語り継がれてきた。その神話の一つに「大昔、巨大な先祖たちが平らな大陸を歩き、その足跡が山や川や動植物になっていった。ウルルもこうしてできた」というものがある。これはまさに、異星人が地球の環境を整えたということではないのか――太古の昔に異星人が地球を訪れていたと主張する学者たちは、こう指摘している。

世界的な貿易都市として
栄華を極めた都の生々しい傷跡

アユタヤ

高さ5メートル、体長28メートルを誇るワット・ロカヤ・スタの寝釈迦仏。歴代33代の王は仏教をあつく信仰し、数多くの仏塔や寺院を建立。その数は、400にも及ぶ。

【登録名】古都アユタヤ
【所在地】タイ・アユタヤ
【登録年】1991年
【登録区分】文化遺産
【登録基準】③

古都アユタヤは、バンコクの北約65キロにある。チャオプラヤ、パーサック、ロッブリーという3つの川の合流点に1351年にラーマティボディ1世が建設した町である。アユタヤ王朝は、タイの歴史のなかで最も繁栄したが、繁栄は、水路を利用した交易によってもたらされた。17世紀に入ると、アユタヤは東南アジアにおける最大の貿易基地となり、中国や日本のみならず、ポルトガル、スペイン、オランダ、イギリスなどの西欧諸国との貿易も行なわれていたという。

その結果、アユタヤには山田長政の活躍でも知られるような日本人町が築かれ、最盛期には1000人の日本人が定住していたといわれている。

世界を相手にした貿易を行なった結果、アユタヤ王朝には莫大な富が流れ込んだ。そして、その潤沢な資金で国王は次々に豪華な建物を造っていった。1657〜88年に在位したナライ王の時代だけを見ても、アユタヤの周囲に3つの王宮、375の寺院、29の要塞、94の市門が築かれたという記録が残っているほどだ。しかも、これらの建物には金箔が惜しげもなく貼られ、まばゆいばかりの光彩を放っていたという。

無数にある建物のなかで、古都アユタヤを代表するのは1374年にバグワ王が建立したと伝わるワット・マハタートである。アユタヤ都城の中心をなす寺院で、地下に仏舎利（仏陀の骨）を入れたケースが収められ、金箔で覆われた巨大な仏塔がそびえていたが、17世紀初頭に崩れてしまった。

その後、プラーサートトーン王によって修復されたが、ラーマ5世の時代に再び崩壊したため、現在は仏塔を見ることができないが、木の根で覆われた仏頭が残っている。

また、15世紀に建立されたワット・プラ・シー・サンペットは、アユタヤ寺院建築の粋を集めた素晴らしい建物だ。中央塔には、この寺院を建立したラーマディボディ2世の兄の遺骨が、東塔には父の遺骨が、そして西塔には、ラーマディボディ2世本人の遺骨が安置されている。往時には仏堂があり、高さ16メートルの黄金仏が鎮座していたという。

アユタヤ王朝に威厳を与えて神格化するため、美術品や工芸品も次々に製作された。それらの多くはブロ

ワット・プラ・マハタートの仏頭。現在目にする遺跡の多くは、勢力拡大を狙う隣国、ビルマ（現在のミャンマー）が侵略の際に略奪、破壊した傷跡。

ンズや礫岩《れきがん》、漆喰などで造られた仏像だったが、「アユタヤの宝冠仏」の名もあるように、ほとんどの仏像は宝石、貴石できらびやかに装飾されている。なかには、全身にくまなく宝石を埋め込まれた仏像もあるほどである。当時のアユタヤでは美術工芸が住民全般に普及しており、美術が人々の生活の隅々にまで浸透していたことを物語っている。

ビルマ軍に破壊され、タイ王朝にも疎まれたアユタヤ

古都アユタヤは朝・夕の陽を浴びるとさまざまな色に輝く石で彩られているため「黄金の町」として知られたが、残念ながら現在の遺跡にその面影は残っていない。それは、侵略者の略奪によるものだった。

5つの王家、33人の君主が統治した古都アユタヤ400年の歴史は、1767年、ビルマの攻撃によってあっけないほど簡単に終わりを告げた。アユタヤはそれまでにも何度かビルマの攻撃を受けていたが、このときの攻撃はまるで悪魔のように恐ろしいものだったという。彼らは寺院や王宮、仏像などを徹底的に破壊し、金箔や宝飾などをすべて剥《は》ぎ取っていったのだ。

ビルマのアユタヤ侵攻から15年後の1782年、タイの現王朝のルーツでもあるラタ

ナコーシン朝によってトンブリー朝が倒され、タイは統一された。

つまり、ラタナコーシン朝は、アユタヤにとってはいわば救世主のようなものである。当然、アユタヤを再興してもいいようなものだが、実際にはその逆の行動をとっている。

タイ統一後、ラタナコーシン朝はバンコクに遷都するが、新都建設の際、貴重な文化財であるアユタヤの寺院や王宮の建材を何の躊躇《ちゅうちょ》もなく使い、残りの資材は民衆の略奪するままに放置していたというのだ。

敬虔《けいけん》な仏教徒であるはずのビルマとラタナコーシン朝が、なぜここまでアユタヤの寺院群を憎むことができたのか――その謎は今も解明されていない。

アユタヤ王宮内にあった最も重要な寺院、ワット・プラ・シー・サンペット。仏教を国の精神的柱とし、自らを神格化した王の権力は、仏像の表現にも影響を与えたといわれている。

中国大陸を横断する
総延長2万キロ超の壮大な旅

万里の長城

北京郊外にある万里の長城、八達嶺。歴代王朝が2000年の歳月をかけて築いた人類史上最大の建造物。紀元前3世紀の秦の時代から17世紀の明の時代まで営々と築かれ、すべてを合わせると長さは2万キロ以上になるといわれている。

【登録名】万里の長城
【所在地】中華人民共和国北部
【登録年】1987年
【登録区分】文化遺産
【登録基準】①②③④⑥

万里の長城は、中国の諸王朝が北方からの外敵の侵入を防ぐために築いた長大な城壁である。東の果ては遼寧省虎山で、そこから中国本土の北辺を西に向かい、北京と大同の北方を経て黄河を越える。さらに陝西省《せんせい》の北端を南西に抜けて再び黄河を渡り、いわゆるシルクロードの北側を北西に走ってゴビ砂漠の入り口にある嘉峪関《かよくかん》に至るという人類史上最大の建造物である。地図上の距離は2700キロだが、二重三重に築かれているところや断片的に築かれた部分、地図に記されていないところなどもあるため、長城の総延長はその8倍近くに達するというデータもある。

上空から長城を俯瞰《ふかん》すると、険しい山並みの頂点から頂点を結び、稜線に沿うように配置されている。あるところでは城砦のように山頂にそびえ立ち、またあるところでは深い谷に誘い込まれるように姿を消す。その様子を中国の詩人は「巨大な龍が地上に舞い降りたよう」と表しているが、たしかにその通りである。

ところで、万里の長城は単なる壁ではない。長城には100以上の望楼が立ち、その間には110メートルごとに狼煙台《のろしだい》が設けられている。敵が攻め込んできた場合には、ただちに狼煙があげられ、その報せが都に着くまで、わずか数時間しかかからなかったというから、驚きである。

また、万里の長城はすべての部分が同じ構造でできているわけではない。最も堅固に造られているのは山海関から黄河に至る部分で、焼いて作った堅いレンガで覆われている。とくに立派な造りとなっているのは、有名観光地の八達嶺付近の長城だ。一個あたり20～30キロという巨大なレンガを積み上げ、高さ約9メートル、幅は上部で約4・5メートル、底部は9メートルに仕上げられている。

また、城の上には鋸歯状《きょし》の女牆《ひめがき》が設けられ、銃眼として使われた。これに対し、黄河以西の部分ではレンガを焼く燃料が十分に手に入らなかったため、粘土を型に入れて乾燥させた日干しレンガが使われているところが多く、土を固めただけという場所もある。

万里の長城は清代に入るとほとんど修復が行なわれず、日干しレンガで造られた部分は破損が進み、現在では土塁にしか見えないところも多い。

騎馬民族の侵入を防ぐには2メートルの壁で十分だった

万里の長城は外敵の侵入を防ぐために造られた壁である。しかし、それにしては高さが低すぎるのではないかという疑問を持つ。前述の通り、最も立派な部分は高さ9メートルにも達するが、ほとんどの部分は高さが2メートルほどしかないのだ。この高さでは、楽に侵入できたはずなのだが……。

　それは、日本の戦の主人公が歩兵だったから生じる疑問である。戦国の時代劇などを見ればわかる通り、馬に乗っているのはごく一部の将のみ。ほとんどの兵士たちが自らの足で敵に駆け寄り、肉薄戦を繰り広げるのが、日本の戦だった。だが、当時、中国が恐れていたのは北方の騎馬民族だった。彼らの兵士はほとんどが馬に乗っていて、その優れた機動力で支配地を拡大してきた。つまり、馬が飛び越えられない高さの壁を造れば、彼らの機動力を削《そ》ぐことができたのである。

　中国は広いので、馬なしでは他国への侵略などできなかった。しかも、当時の騎馬民族が使用していた馬は、競馬場で見かけるサラブレッドよりもはるかに小柄だったから、塀の高さは

西端の甘粛省嘉峪関。西国の異民族の侵入を食い止める防衛拠点として、またシルクロードの要衝として大きな役割を果たした。

2メートルほどあればよかったのだ。

「宇宙から見える」のは事実か

ところで、「万里の長城は宇宙から見える唯一の人工物である」という話を聞いたことがないだろうか。これは、中国の小学校6年生の国語の教科書に掲載されていた話で、中国人宇宙飛行士の証言がもとになっている。

たしかに、地図上で2700キロにも達する長大建造物なのだから、あり得ないことではない気がする。しかし、どんなに長くても、万里の長城の幅は9メートルしかないのだ。人間が識別できる物体の大きさは距離の2000分の1までだとされている。つまり、幅9メートルの万里の長城は、高度20キロ以上になると見えないことになる。それに対し、たとえばハッブル宇宙望遠鏡の高度は約575キロに達するし、国際宇宙ステーションでも高度約400キロの位置に浮かんでいる。この距離から9メートルのものを識別するのは、残念ながら不可能だ。

この指摘を受け、中国も2004年に教科書を訂正。「万里の長城は宇宙から見える唯一の人工物である」という記述は姿を消したのだった。

100以上の湖沼や瀑布が点在する 幻想の景勝地 九寨溝

透明なエメラルドブルーの湖底に、樹氷のような「石灰華」が横たわる五花海。季節や天候、見る位置によって、赤・オレンジ・黄・緑・青・藍・紫などさまざまな色を放つ。

【登録名】九寨溝の渓谷の景観と歴史地域
【所在地】中国・アバ・チベット族チャン族自治州九寨溝県
【登録年】1992年
【登録区分】自然遺産
【登録基準】⑦

九寨溝《きゆうさいこう》は、中国四川省北部のアバ・チベット族チャン族自治州九寨溝県にある自然保護区である。最も近い都市・成都でも400キロ以上離れており、いわゆる秘境である。原生林のなかに美しい渓谷が50キロにもわたって続き、その途中に大小100余りの湖沼や滝が点在する中国随一の景勝地だ。その姿は「童話世界」と称されるほど美しい。

景観ばかりではなく、パンダや金糸猿《きんしこう》、白唇鹿（和名クチジロジカ）といった絶滅危《き》惧《ぐ》種も数多く生息していることでも知られる。このような貴重な自然を守るため、周辺の開発は厳しく制限され、エリア内では旅行者の宿泊は禁じられている。さらに入場者数も制限されて、紅葉の季節などは現地に到着できても入場できないことがあるという。

九寨溝最大の見どころは、渓谷を流れる美しい水である。九寨溝で最も美しいとされる五彩池の水はエメラルドのようにあくまでも澄み切っており、底の小石まで手にとるように見える。なぜ、このような美しく不思議な水が流れているのだろうか。それは、九寨溝を流れる川の源流が、石灰岩質の山脈にあることに由来する。水のなかに炭酸カルシウム（石灰）が多く溶け込むと、ゴミなどを包み込んで川底や池の底に沈殿していく。そのために透明度が高くなるのである。また、炭酸カルシウムは青色だけを強く反射する性質も持つから、こうした青く透き通った水が見られるのだ。ちなみにこれは、

（上）青く透き通った五彩池。湖には嘉《か》陵《りよう》裸《ら》裂尻魚《れつこうぎよ》という鯉が棲んでいる。
（下）初秋の樹正群海。140種類もの鳥類やパンダなど、絶滅の危機に瀕している動物たちが生息している。

別府厳島神社の境内にある別府弁天池や、トルコのパムッカレの石灰棚などでも見られるのと同じ現象である。

倒木が腐らず、樹氷のように変化した「石灰華」

また、五花海の七変化は、湖底に沈む炭酸カルシウムと藻類、そして太陽の光の変化などが互いに影響を与え合って生じている。

炭酸カルシウムを多く含んだ九寨溝の水は倒木や枯れ木にも作用し、朽ち果てるのではなく樹氷のような結晶に姿を変えていつまでも水のなかにその姿をとどめている。これは「石灰華」と呼ばれるもので、九寨溝の独特な景観の構成要素の一つになっている。

もう一つ九寨溝の景観で独特なのが、川に覆い被さるように無数の木が生えている点である。本来なら、たとえ木の種子が川の近くに落ちたとしても、下流へ流されてしまう。だが、九寨溝を流れる川の水には大量の炭酸カルシウムが含まれているので、長い年月とともに川の周囲に石灰が堆積していく。石灰の表面には無数の穴が開いていて、種子がそこに引っかかって発芽できるのだ。

こうして九寨溝を覆った木々が紅葉すると、まさに息を呑むような美しさなのである。

巨大なコウモリ群の乱舞
ドラゴン・フライに出合う冒険

グヌン・ムル国立公園

【登録名】グヌン・ムル国立公園
【所在地】マレーシア・サラワク州ボルネオ島の北部
【登録年】2000年
【登録区分】自然遺産
【登録基準】⑦⑧⑨⑩

広大な熱帯雨林のジャングルの下には、ジャンボジェット機が40機収まる世界最大の洞窟が存在する。

グヌン・ムル国立公園は、ボルネオ島北部のマレーシア領サラワク州にある。ムル山周辺のカルスト地形の地域に設けられた自然公園である。面積は約529平方キロ（東京ドーム1万個分以上。ちなみに、東京23区は約621平方キロ）にも及ぶ広大なもので、動植物の宝庫として知られる。

国立公園の名の由来となっているムル山は標高2371メートルと、さほど高さはない。麓は深いジャングルだが、山頂付近は石灰岩の岩肌がむき出しになっているため、頂上を極めるには最低でも3泊4日を要するとされる難所である。

だが、グヌン・ムル国立公園の最大の見どころはこのムル山ではなく、周囲に点在する洞窟群だ。ムル山周辺に広がるカルスト地形は、石灰岩など水に溶けやすい岩石で構成されるもので、雨水によって岩石が溶解するために地下に洞窟ができた。日本では山口県の秋吉台が有名だが、それとは比較にならないほど規模の大きな洞窟が100以上も口を開けている。

現在、公開されている洞窟はそのうちの4つ。それを順に紹介しておこう。

①サクワラ・チャンバー……1981年に3人の探検家たちによって発見された洞窟で、長さ700メートル、幅400メートル、高さ80メートルという巨大なもの。それ

ディア・ケイブには数多くのグールドカグラコウモリが棲む。群れをなして飛ぶ光景は、まるで龍が天に昇っていくかのよう。

まで世界最大と考えられていたアメリカのカールズバッド洞窟の3倍の規模である。ちなみに、この洞窟にジャンボジェット機を入れるとしたら、40機が収まるというのだから、驚くではないか。

②ディア・ケイブ……天井の高さ120メートル、幅175メートルにも及び、数百万匹のコウモリが棲むことで知られている。夕刻になるとエサを求めてコウモリたちが空へ一斉に舞い上がるのを目にすることができる。

コウモリの巨大な群れが空を飛ぶ様子は、まるで龍が天に昇っていくように見えることから「ドラゴン・フライ」と呼ばれている。

③ラングス・ケイブ……規模はさほど大きくないといっても、全長は100メートル以上。鍾乳石や石筍（石灰質の沈殿物で、筍の葉のように見える）など、美しい自然の造形が楽しめる洞窟。ライトアップもされている。

④クリアウォーター・ケイブ……全長170キロ以上という東南アジア最長の洞窟。ちなみに、秋吉台で最も大きいとされている秋芳洞は全長10キロ。クリアウォーターの名の通り、絶えず澄んだ水が流れ出しているが、そこに至るには200段以上ある階段を上っていかなければならないので、訪れる際には覚悟が必要だ。

覇王が自らの死後を守護させるために
作らせた黄泉の軍

兵馬俑

秦の兵士を象った8000体の兵馬。兵士の表情はどれひとつとして同じものはない。

【登録名】秦の始皇帝陵
【所在地】中国・陝西省西安の北東30キロ
【登録年】1987年
【登録区分】文化遺産
【登録基準】①③④⑥

始皇帝陵は秦の第一世皇帝、いわゆる始皇帝の墓である。陝西省西安の北東約30キロの地にあり、その総面積はＪＲ山手線の内側より広い66平方キロ以上にも及ぶ。陵の中心を成すのはピラミッド様のかたちをした墳丘で、一辺の長さが約３５０メートル、高さは76メートルという巨大なものである。

始皇帝は13歳で秦王に即位したが、それと同時に、この始皇帝陵の建設に取りかかったという。没したのは50歳で、それまで墓造りが続けられていたというから、つまり完成までに37年かかったことになる。このために徴用されたのは主に捕虜や刑徒で、延べ70万人もが動員された。

始皇帝陵には多数の財宝が納められ、天井には宝石と真珠が埋め込まれ、天空を模していた。さらに紀元前91年頃に司馬遷が完成させた歴史書『史記』によれば、始皇帝の遺体が納められた玄室には永遠に光を放つ「長命灯」が置かれ、棺の周囲には中国の五大名山などの模型と、水銀で作られた川と海が流れていたという。

この『史記』の記述については単なる伝説と考えられていたが、１９８1年に行なわれた調査によって始皇帝陵の一部から大量の水銀が蒸発した痕跡が発見されたために、一転して事実と考えられるようになった。となると、長命灯の存在も事実なのだろうか。そして、それはどのような仕組みなのか……。なぜか中国政府はこの始皇帝陵の発掘を禁じているため、未だに謎のままである。

これほどまでに大量の財宝を納めた墳墓を造った場合、心配されるのが盗掘である。それを防ぐため、始皇帝陵には侵入者を検知すると自動的に発射される弓など、さまざまな罠が仕掛けられていた。しかし、そんな罠を用意していたにもかかわらず、始皇帝陵は、紀元前206年に秦を滅ぼして楚王となった項羽に破壊されてしまったという。

これは中国北魏時代に書かれた地理書『水経注』に記された話で、項羽は30万人の兵士を動員して陵内の宝物をすべて略奪しようとしたが、30日かかっても運びきれなかったという。

始皇帝は、広大な領土をまとめるために、文字の統一、経済流通機構の整備、道路網の建設、法体系の確立など、さまざまな統一政策を実行した。「皇帝」という漢字の称号を初めて用いたのも彼である。

この後、ヒツジを捜していた牧童がたいまつを持って陵に入ったところ、誤って失火。墓はすべて焼けてしまったとも記されている。

もしこの記述が正しいとすれば、始皇帝の玄室はすでに失われていることになる。しかし、始皇帝の死から100年後に記された『史記』には、始皇帝陵があばかれたという記述はない。しかも『水経注』という書物そのものの信憑性が低いことから、項羽の破壊はなかったのではないかという説が最近は有力視されている。

近年、超音波などを使って行なわれた調査によっても、地下墳墓の壁は破壊されていないことが確認された。つまり、陵の地下には今も大量の財宝と遺物が眠ったままということ。墓が発掘されたとき、いったいどのような宝と秘密が姿をあらわすのだろうか……。考古学者ならずとも気になるところである。

2万人の奴隷と2000の窯で手作りされた兵馬俑

ところで、始皇帝は死後も自らの身と国を守る方策を講じていた。それが陵墓を取り巻くように設けられた兵馬俑《へいばよう》である。兵馬俑とは、古代中国で死者を埋葬する際に副葬された人形《ひとがた》のこと。これ以前は王が死ぬと兵士や使用人、そして愛用していた馬などが実際に殺害されて一緒に埋葬されていた。
しかし、こうして貴重な人材を自ら殺してしまえばその後の国の運営に支障が出る。そこで、人形をかわりに副葬するようになったのが兵馬俑の始まりである。

実は、兵馬俑の存在も前出の『史記』や、主に前漢の歴史を記した『漢書』などに記されていたが、あまりの話の大きさから架空のものと考えられていた。ところが、1974年に地元の住民が井戸を掘ろうとして地面を掘り下げたところ、偶然に人形を発見。兵馬俑が実在のものであると証明されたのである。

実物大の人形が8000体というだけで驚くのは早い。これらの人形は、すべて顔

通常は小型の人形を数体から数十体副葬するに過ぎないが、始皇帝陵の兵馬俑からは、なんと実物大の8000体もの兵士の人形のほか、600頭を超える馬や約100両の戦車が発掘され、世界中を驚かせた。

が異なっていることが顔認識ソフトで確認されたのだ。

顔は実在の兵士を模して作られているといわれている。つまり、型を使わずに一体一体すべて手作りされたということになる。この膨大な数の人形を作るため、始皇帝は2万人の奴隷と2000の窯を使ったとされる。そして兵馬俑が完成すると、二度と同じものができないようにと、作業に関わった奴隷をすべて殺害し、窯を跡形もなく壊したという。

ところで、この兵士たちは全員が東を向いている。そして、陵墓そのものも東が前面と考えられている。秦以前、君子は南を向いて座るのがならわしだった。そのため、始皇帝陵以前に造られたほとんどの王の陵墓は南を向いている。では、なぜ始皇帝陵は東向きに造られているのか。

始皇帝は生前、東方にある強敵6国を滅ぼしていた。その6国が再び蜂起して秦に攻め込んでくることを危惧し、死後も大量の兵士たちとともに東方を見張り続けようとしたのではないかとされている。だが、このような努力も空しく、秦は始皇帝の死後わずか4年後に、前漢の高祖・劉邦《りゅうほう》に滅ぼされてしまったのである。

4トン近い金箔とダイヤモンドが煌めく「天空の城」ポタラ宮

観音菩薩の化身とされる歴代ダライ・ラマのミイラが安置されるポタラ宮。政治機能を司る白宮と、宗教儀式を行なう紅宮からなる。

【登録名】ラサのポタラ宮歴史地区
【所在地】中国・チベット自治区ラサ
【登録年】1994年、2000年、2001年
【登録区分】文化遺産
【登録基準】①④⑥

ラサ北西にそびえるポタラ山のラマ教の寺院・宮殿、それがポタラ宮である。ポタラ山は、観音菩薩の住む浄土を意味する補陀洛（ポータラカ）であると信じられていたことから、ここに寺院が建設されたのである。

この山に初めて寺院を築いたのは、7世紀初めにチベットを統一したソンツェン・ガンポだったが、現在の建物は1645年、ダライ・ラマ第5世のときに建設が始まり、およそ43年かけて完成されたものである。山の斜面に沿って傾斜のゆるやかな陸屋根《ろくやね》という構造の13層で構成されており、頂上には金殿がそびえている。全体の高さ117メートル、幅は360メートルにも及ぶ巨大な建物で、その中心部には、紅宮（ポタン・マルボ）と白宮（ポタン・カルボ）が配されている。

紅宮は宗教的な領域で、外壁が紅色に塗られているためにこの名で呼ばれている。500人のラマ僧を収容できる大経堂があり、その西側には歴代ダライの墓塔を安置する大霊塔殿が設けられている。大霊塔殿のなかで最も目を引くのは、高さ15メートルにも達するダライ・ラマ5世の霊塔だ。大きさだけではなく、装飾も豪華そのもので、4トン近い金箔が使われ、1500個ものダイヤモンドをはじめとする貴石がちりばめられている。ちなみに、紅宮の建立は、この大霊塔殿を奉祀《ほうし》することが目的だった。

白宮は、１６４５年から8年の歳月をかけて造られた建物で、外壁が白色に塗られていることからこの名で呼ばれる。歴代のダライ・ラマが常住していた寝室や、接客に用いる応接室、食堂、事務室、倉庫などのほか、監獄もある。また、38本の支柱に支えられた東大殿も設けられており、ダライ・ラマが宗教的な行事を行なう重要な場所である。

観音菩薩の化身ダライ・ラマと阿弥陀仏の化身パンチェン・ラマ

ラマ教とはチベット仏教の俗称である。インドで生まれた仏教はヒマラヤ山脈を越え、チベット仏教（ラマ教）と呼ばれ

紅宮屋上の雄大な金頂。

るようになった。チベット仏教は現在、チベットやモンゴル、中国の一部で信仰されているに過ぎないが、インドで生まれた仏教の正統な流れである。

チベット仏教最大の特徴は、四宝に帰依する点だ。仏教は三宝（釈迦、経典、僧侶）に帰依するが、チベット仏教ではそれに加え、ラマ（生き仏）を帰依の対象としている。ラマ教の名も、チベット仏教徒たちがラマに帰依していることに由来している。

現在、この世にはダライ・ラマとパンチェン・ラマという2名のラマが存在する。ラマ自体は1642年から存在していたが、ダライ・ラマという称号で呼ばれるようになったのは1578年のこと。観音菩薩の生まれ変わりとされたソナム・ギャツォがモンゴルへ赴き、当時の支配者アルタン・ハーンにダライ・ラマという称号を受けたのが始まりだった。ちなみに、ダライとはモンゴル語で「大海」という意味である。

ダライ・ラマは転生するとされ、その後もこの称号は継承され続けた。歴代のダライ・ラマのなかでも特筆すべき存在は、ポタラ宮を建設した5世だろう。「偉大なる5世」と呼ばれた彼は、モンゴルの豪族の後ろ盾を得て、1642年にチベットの政治的支配権を獲得。これ以降、ダライ・ラマは宗教的指導者というだけではなく、政治的指導者ともなったのである。

ところが、隣国中国との関係が次第に悪化し、ダライ・ラマ6世は清国に拉致《らち》されて死亡。その後もダライ・ラマと中国の間の亀裂は深まり、1950年に人民解放軍がチベットに侵攻。1965年に同地を自国に併合して「チベット自治区」とした。これに抗議してダライ・ラマ14世は1959年にインドへ亡命し、チベット亡命政府を樹立。現在も同政府の長およびラマ教の指導者として活動を続けている。

もう一人の生き仏パンチェン・ラマは、ダライ・ラマ5世の時代に誕生した。きっかけは、ツァン地方にあるゲルー派大僧院を長く治めた高僧が没したこ

2000年に世界遺産に追加登録された大昭（ジョカン）寺。チベット人なら一度は巡礼を夢見るチベット仏教の総本山。

とだった。ツァン地方は昔から宗派抗争の拠点となっており、その再発を恐れたダライ・ラマは阿弥陀仏の化身にその地を支配させることにした。それがパンチェン・ラマなのである。

パンチェン・ラマにはダライ・ラマに次ぐ地位が与えられたが、やがてダライ・ラマと対立することが多くなり、親中国（清国）という立場をとるようになった。たとえば、パンチェン・ラマ6世は北京に亡命し、10世はダライ・ラマ14世のインド亡命後も中国との協調路線を選んでチベット自治区に留まった。さらに、パンチェン・ラマ11世はポタラ宮と中国共産党の双方で別の人物を選出したが、共産党は前者を承認せず、後者を正統なパンチェン・ラマとした。だが、正統なパンチェン・ラマと認められるためにはダライ・ラマの承認が不可欠であり、今もそれは得られていない。

ところで、転生したラマはどのように見つけ出されるのか。いずれかのラマが亡くなると僧侶たちが祈祷と瞑想を行ない、幻想のなかに見える「転生の印」に従って、生まれ変わったラマ探しが始まる。そして、祈祷で示された場所、年齢にピタリと当てはまること、身体に特定の印があることなどがラマの生まれ変わりの証拠とされる。こうしてチベット各地から候補者である子どもが呼び寄せられ、先代が所有していた私物を正しく言い当てることができた者が真の転生者と認められるという。

ちなみに、現在のダライ・ラマ14世のテンジン・ギャツォは、2歳のときにチベットのアムド地方（現在の青海省）で発見されたのである。

（上）ダライ・ラマ5世のタンカ（チベットを中心とするラマ教文化圏で用いられる掛幅装の仏画）。40年にわたってチベットの行政と宗教を支え、「偉大なる5世」と呼ばれた。
（下）巡礼者たちが両手・両膝・額を地に付けて平伏し、祈りを捧げる五体投地の姿。

屋久島

洋上のアルプスに繁茂する
ワールドクラスの森

屋久島のシンボルともいえる縄文杉。宮之浦岳8合目付近にそびえる。

【登録名】屋久島
【所在地】鹿児島県・屋久島町
【登録年】1993年
【登録区分】自然遺産
【登録基準】⑦⑨

屋久島は九州の南部にある佐多岬から南方約60キロの大隅諸島に所属する。島はほぼ円形で、面積は約504平方キロと、神奈川県横浜市（435平方キロ）より一回りほど大きい。屋久島が史料に登場するのは古く、『日本書紀』に、616年（推古天皇24年）に、掖玖人《やくじん》が大和朝廷に入貢したとあるのが最初である。ただし、「入貢」とは「外国から訪れた使者が貢物を持って入朝すること」を意味するから、当時はまだ大和朝廷の管轄下には置かれていなかったことがうかがえる。

遣唐使船の寄港地としても利用され、753年には鑑真や吉備真備《きびのまきび》の乗船が寄港したという記録も残っている。中世に入ると島津氏の支配下となり、一時は種子島氏が治めたが、1612年以降は再び島津氏の直轄領となって奉行が置かれた。1708年にはイエズス会のイタリア人宣教師が島の南岸で密入国者として捕らえられ、江戸で彼を取り調べた新井白石は、その情報をもとに『西洋紀聞』をあらわしたことでも知られる。

島の地形は古第三紀層とそれを貫く花崗《かこう》岩層からなっており、ほぼ全域が山地だ。九州一の高さを誇る宮之浦岳（標高1936メートル）を中心に、永田岳（1886メートル）、黒味岳（1831メートル）などの高峰が連なる。こうした急峻な地形のため、今も島の90パーセントを山林が占め、そのうち80パーセントが国有林。これが、屋久島の自然が今まで保たれてきた理由となっている。

屋久島の見どころといえば、なんといっても屋久杉だろう。標高500メートル以上の山地に自生するスギを指すが、樹齢1000年を超えるものだけを指し、それ以下のものは小杉と呼ばれる。樹高20メートル、直径1～2メートルに達するものが9割を超す大型の樹木で、根回りが32・5メートルのウィルソン株、42メートルの大王杉、43メートルの縄文杉などがとくに有名である。

とりわけ高さ25・3メートルにも達する縄文杉は、1976年に九州大学工学部の真鍋大覚助教授によって樹齢7200年以上と推定されて世界的に有名になり、縄文杉の名前の由来にもなった。しかし、その後の調査で2本または3本の杉が合体している可能性が浮上し、放射性炭素年代測定法を実施したところ、樹齢2170年前後の1本の木という結果が出た。放射性炭素年代測定法の結果、現在、最年長とされているのが大王杉である。樹齢は3000年と推定され、高さは24・7メートルである。

屋久杉は成長が極端に遅いために木目が詰まっていて腐りにくいという特徴を持ち、建築資材として大量に切り出されていた。ウィルソン株もその一つで、豊臣秀吉の命によって大坂城築城（京都の方広寺建立とも）のために切り出されたといわれる。

ちなみに、ウィルソン株という名前は、日本を訪れたアメリカの植物学者アーネスト・ウィルソン博士によって調査され、紹介されたことに由来している。

長寿杉の群生地に語り継がれる「山姫伝説」

自然に満ちた屋久島には、当然のように数多くの伝説が語り継がれている。なかでも有名なのが「山姫伝説」である。

屋久島の山のなかに美しい山姫がひっそりと暮らしているという伝説で、その女性の髪は踵《かかと》まであり、緋色の

豊臣秀吉の命令により大坂城築城のために切られたといわれるウィルソン株。樹齢1000年に満たない杉を「小杉」と呼び、1000年を超えるものを「屋久杉」と呼ぶ。

十二単《じゅうにひとえ》を着ているという。旧正月、5月、9月に行なわれる山の神祭りの日に山に降りてくるといわれているが、このとき山姫に出会って笑いかけられても決して笑顔で応じてはいけない。もし、笑みを浮かべると、山姫に血を吸われて殺されてしまうというから恐ろしい。

山の神や川の神もあちこちにいる。たとえば子どもが川にツバを吐くとその夜から高熱が出て、医者にも見放されてしまったという話がある。母親が藁《わら》にもすがる思いで霊媒師に救いを求めたところ、「たまたま川の神様の頭にツバがかかったので、怒りを買っているのだ」といわれた。そこで、母親が川へ謝りに行ったところ、不思議にも、その夜に子どもの熱は下がったという。

また、山の神様が里へ出てきた際にお座りになるとされているセンダンの木を切ったために高熱が出ていっこうに下がらなかったという話もある。驚いた家族が、山の神様が奉られている祠《ほこら》に供物を捧げてみると、熱は治まったという。

どうやら屋久島は、自然だけではなく精霊や神様たちにとっても住みやすい場所のようである。

西アジア
アフリカ

トルコ・イスタンブールを代表するモスク、
スルタン・アフメット・ジャーミィ。

まるで違う星に舞い降りたような
大地に秘められたキリスト教徒たちの営み
カッパドキア

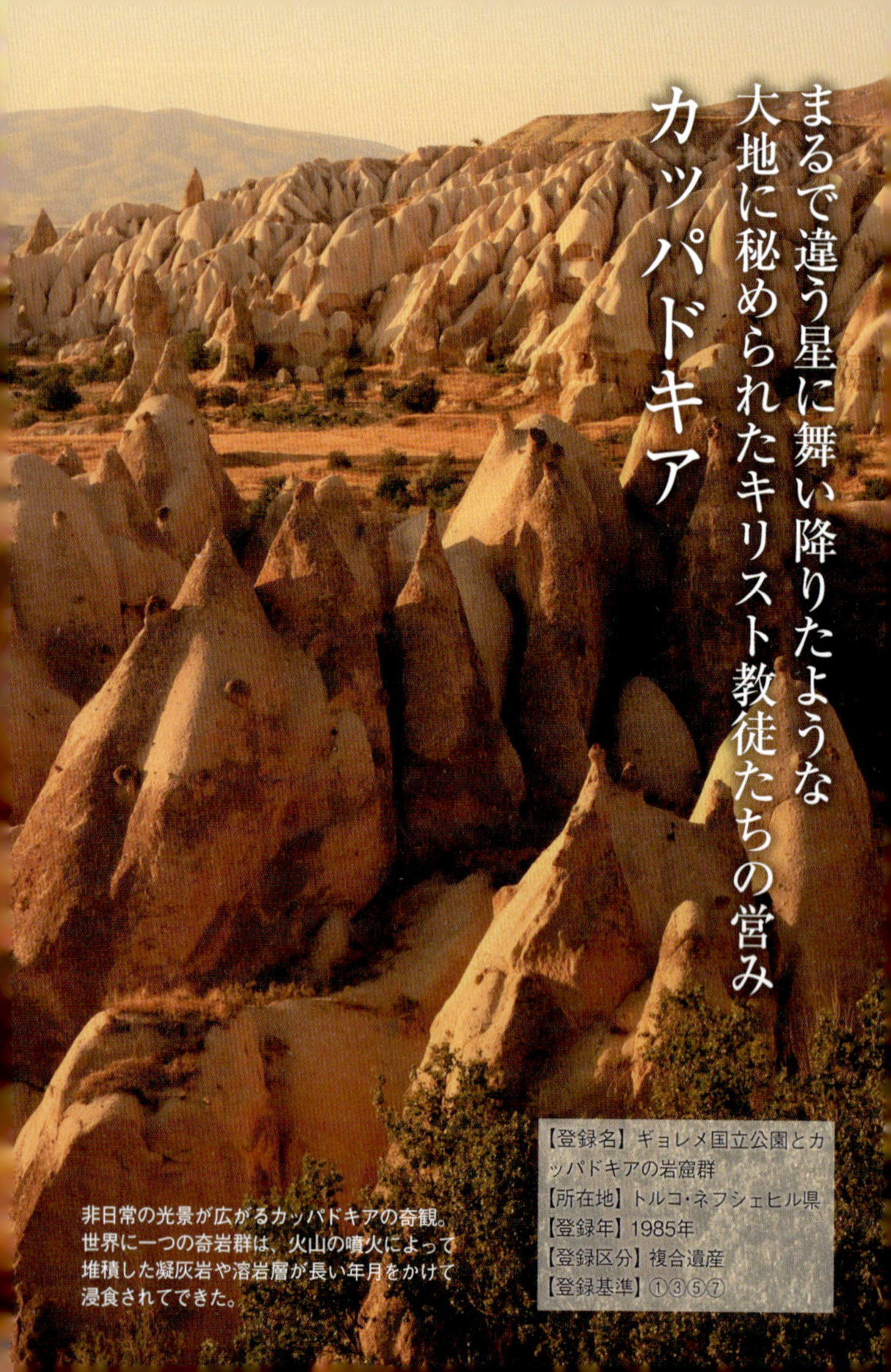

非日常の光景が広がるカッパドキアの奇観。世界に一つの奇岩群は、火山の噴火によって堆積した凝灰岩や溶岩層が長い年月をかけて浸食されてできた。

【登録名】ギョレメ国立公園とカッパドキアの岩窟群
【所在地】トルコ・ネフシェヒル県
【登録年】1985年
【登録区分】複合遺産
【登録基準】①③⑤⑦

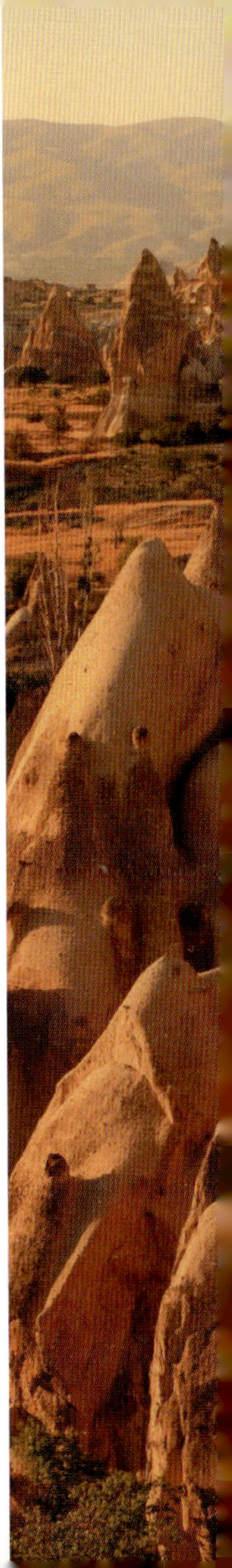

トルコのアナトリア高原の東南部にあり、南はタウロス山脈、西はトゥズ湖、東はユーフラテス川上流部に囲まれるという天然の要害がカッパドキアである。２００平方キロにわたって奇岩が林立している不思議な風景が広がっていることで知られる。この奇岩は、数億年前に繰り返された火山の噴火によって形成された凝灰岩が浸食されてできたもの。

カッパドキアはまた、初期キリスト教の聖地としても広く知られている。４世紀頃から、キリスト教の修行僧が洞窟に住み始め、信仰を深める暮らしを送るようになった。やがてキリスト教信者にとってかけがえのない修行の地となり、奇岩をくり抜いて修道院や教会を築いていった。

現在、こうした修道院や教会は１０００を数えるといわれているが、その多くが廃墟になっている。だが、そのうちの１５０ほどには宗教画が残されており、芸術的評価も高い。とくに、サンダル聖堂という意味のチャルクル・キリセに残された聖書のエピソードを詳しく描いた壁画や、ヘビの教会という別名を持つユランル・キリセの聖ジョージの蛇退治の絵は、荒れ果てた外観からは想像もつかないほどのレベルの高さで、初期キリスト教美術の貴重な宝庫となっている。

ところで、カッパドキアは北部と南部に分けられ、2つの地域の光景はまさに対照的だ。北部は観光地としても有名な奇岩に覆われたエリアだが、南側は、一見、のんびりとした田園風景が広がっている。しかし、この田園風景の地下に、驚くべき遺跡が残されていたのである。

遺跡は、農民が偶然に発見した洞窟の奥にあったのだった。当時は、トルコ政府もその重要性に気づかなかったが、1965年に本格的な調査が始まると、専門家たちは言葉を失った。トルコ政府が組織した探索隊は、慎重に調査を進めたが、そこにあったのは自然の大洞窟ではなく、明らかに人の手によって造られたもので、それも8層から16層も折り重なった想像を絶する大規模なものだったのだ。

ちなみに16層は、深さにしてざっと150メートルにもなる。これだけ深く地面を掘り下げるのは、現代の建築工学をもってしても難しい。

トルコ政府の報告書によれば、地底都市には、おびただしい数の人が暮らすのに必要なすべてのものが完全に調えられていたという。地底の奥底で暮らしていくうえで最も重要なのは、酸素と水の確保だ。酸素に関しては、地表から150メートルの深さまで

(上) 妖精が棲むという言い伝えから「妖精の煙突」とも呼ばれるパシャバーの「キノコ岩」。
(左下) 3人の美女にたとえられるエセンテペの「三姉妹の岩」。
(右下) デヴレントの「らくだ岩」はトルコ屈指の観光スポット。

通気孔（エア・コンディショナー）が垂直に貫かれ、酸素不足にならないように配慮されていた。しかも、通気孔が地表にあらわれたところには、見張り台と思われる跡も残っており、通気孔の管理も万全だったようである。また、飲料水としては地下水を利用していたようで、上層部には井戸もあり、井戸のまわりには共同炊事場の跡も残っている。しかも、炊事場には汚水処理のための溝もあり、煮炊きの際に出る煙を外に導き出すためのベンチレーション（排気孔）も設けられていたようだ。

その後の調査の結果、カッパドキアには、このような地底遺跡が大小合わせて400近くも発見され、しかも信じられないことに、これらの都市は秘密の地下道によって結ばれているとわかった。こうして築かれた地下遺跡群には6万～10万人が暮らしていたのではないかと考えられている。

地底都市は核戦争から逃れるために造られた？

荒涼たる大地の底に住み着いていた人々は、いったいどんな目的でこの地底都市を築いたのだろうか。『旧約聖書』には、「ヘテ」という民族が登場する。古代バビロニア帝国の首都バビロンを滅ぼしたことで知られる民族だ。古代エジプトのラメセス2世を滅ぼしたのも、このヘテではないかといわれている。こうしてヘテは、その後、5世紀もの間、エジプトからバビロニア一帯を支配し、強大な勢力を振るった。

しかし、このヘテの存在を示す遺跡などは一つも発見されていないのだ。そこで、ヘテは伝説上の民族だと断定している民族学者もいるほどである。

だが、この地下都市を築いた民族こそ、ヘテだったのではないかとする説もある。ヘテを英語読みにするとヒッタイトとなる。ドイツの考古学者フーゴ・ヴィンクラーが『カッパドキア文書』として知られる粘土板を解読したところ、そこには「ヒッタイトの首都はアナトリア平原（カッパドキア一帯）にあっ

数万人が生活していたといわれるカイマクル地下都市は驚きの連続。教会、ワインセラー跡などが残されている。

た」と書かれていたのを発見している。そうしたことから、現在では「ヘテはヒッタイトだった」とみなす説が考古学界の主流になっている。

ヒッタイトは人類史上初めて鉄を自在に使いこなした民族として知られている。つまり、卓越した技術力を持っていた民族だった。彼らはその技術力で、この巨大地下都市を造り上げたのだろうか……。だとしても、何のためにこのような大工事を行ない、地下都市を築いたのか、という疑問は残る。

現在、その理由として考えられているのが、古代核戦争から逃れるためのシェルターだったのではないかという説である。『旧約聖書』の「ソドムとゴモラ」の章に描かれているのは、まさに核戦争そのものだったという指摘がある。

「主は天から硫黄と火を、ソドムとゴモラに雨あられと降らせた。その町と、その谷と、町の住民と、その地の人々は、瞬く間に滅びてしまった……」

これは、『旧約聖書』に記されたソドムとゴモラを襲った戦火の様子である。

この描写からすると、おそらく太古のある時期、シナイ半島一帯に大戦争が勃発する予兆があった。ヒッタイトはそれから逃れるため、このような地下都市を造ったのではないか……というのである。

砂漠の岩山に囲まれた バラ色の古代都市と邪悪な民 ペトラ遺跡

ペトラの入り口は、「シク」と呼ばれる狭い岩の回廊がおよそ1.2キロも続く。美しいピンク色の岩肌が何層にもなって延々と続く一本道を抜けると、突然光が射し込み、砂岩をくり抜いて造られた「王の宝物殿」が視界に飛び込む。映画『インディ・ジョーンズ 最後の聖戦』の舞台となった。

【登録名】ペトラ
【所在地】ヨルダン南部
【登録年】1985年
【登録区分】文化遺産
【登録基準】①③④

ペトラ遺跡は、ヨルダン王国南部の浸食された岩山の谷間にある古代の都市遺跡である。およそ2000年前にナバテア人によってこの地に石造りの都市が建設されてナバテア王国の首都となった、死海とアカバ湾の間という要所にあったため、2世紀初頭まで重要な交易地として栄えていた。

だが、安全性の高い海上に交易路が移り、ペトラを潤した隊商たちの足は、急速に遠のいていった。

さらに地質学の調査によって、7世紀にペトラ一帯で大規模な地震があったことも判明した。おそらくこの地震によって、細々と暮らしていた住民たちまでもペトラを去り、人々の記憶からも忘れ去られていったのだろう。

さて、1812年のこと。スイスの探検家ヨハン・ルートヴィヒ・ブルクハルトは、シリア滞在中に「パレスティナの南部に古代都市が眠っている」という噂を耳にした。

彼はさっそくシリアを発ち、ヨルダンの都市アンマンを通り、さらに南下していった。そして、ついに幻の遺跡へたどり着いたのである。

彼は、遺跡の光景を、写真に匹敵するほど細かいタッチで描いていった。まだ写真が発達していない時代だったので、遺跡を記録するためにはスケッチをするしか方法がなかったのである。

　この後、エジプトに向かったブルクハルトは本の出版準備を進めていたが病死。だが、遺稿は綿密なスケッチとともに出版され、砂漠都市ペトラの存在が世界に知られるようになったのだった。

　しかし、彼のスケッチ以上にこの遺跡の名を世界に広めたのは、1989年に制作された映画『インディ・ジョーンズ 最後の聖戦』だろう。この作品の舞台に選ばれたのがペトラだったのだ。

　映画では、聖杯は誰も知らない寺院に秘匿《ひとく》されていたことになっている。この秘密の寺院の撮影場所となったのが、ペトラだった。

その数、500にも及ぶ王家の墳墓。

『旧約聖書』に登場する邪教徒が立てこもる町

ペトラ遺跡は別名「バラ色の岩石寺院」と呼ばれている。この一帯の地層は、最下層が地球誕生後ほどなく形成された最古の火成岩層、その上にサンゴが形成した石灰岩層、水成岩層、さらに鉄分の多い砂が堆積した砂岩で形成されている。この最上層に含まれた鉄分がほのかにピンク色に輝いているので、「バラ色の岩石寺院」の名が付けられたというわけである。

ペトラ遺跡で最も有名なのは、エル・カズネと呼ばれる宝物殿である。ギリシア・ローマ様式の端麗な柱を持った2階建ての神殿風の建築なのだが、実はこの宝物殿は建てられているのではなく、断崖を掘り抜いて造られているのだ。断崖を掘り抜いたといっても、そうたやすい作業ではなかったはずだ。なにしろ、正面の柱の高さは、およそ30メートル。柱は神殿風の屋根を支えており、ポーチ、窓も造られているのだから。

この建物を宝物殿と名付けたのは、遺跡の周囲に住み着いている砂漠の民ベドウィンである。しかし、その名に反し、建物のなかには何一つ残されていない。また、この建物が仮に神殿だと考えたとしても、宗教的なものを思わせる彫像や彫刻などがまったく見あたらない。

最近になり「ペトラはそもそも、邪宗徒が立てこもっていた宗教都市だった」という説が登場し、世界の注目を集めている。

この説の根拠は、『旧約聖書』に「ペトラの民が邪宗徒である」と示唆する話が見られる点にある。ヤハウェの神が（ペトラの）「高きところ」を邪宗の聖所として非難しているくだりがあるのだ。

その言葉通り、ペトラ遺跡は修道院の奥にも続いており、その先にある岩山の頂上へ登ると不思議な場所にたどり着く。岩を円形に掘り抜き、その円形の一部から深い穴に通じる溝が掘られた不思議な構造物がある。

標高1000メートルの山頂にある神殿は、太陽神を祀っていたと考えられている。

これこそが『旧約聖書』に記されている「高きところ」であり、おそらく太古の邪宗徒たちが神に生贄《いけにえ》を捧げたところだろうと考えられている。

だが、ナバテア人は多神教を信じる敬虔な民で、とりわけ山岳の神ドゥシャラと女神アル・ウッザを深く信奉していた。彼らと「高きところ」の残虐行為は結びつかないのだ。

だとすれば、さらに古い時代に、この一帯に住み着いていた謎の民族がいたとしか考えられない。彼らは狂信的な民だったが、なぜか莫大な富を持っていて、多数の奴隷を使ってこの岩窟都市を築きあげたのではないだろうか。

では、その民たちは、なぜペトラから消えてしまったのか。

ペトラ遺跡の出土品には独特の文字が刻まれている。おそらくそれらが解読されれば、ナバテア人やエドム人よりさらに昔、この地に住み着いていた邪宗の民たちの正体が浮かび上がってくるだろう。だが、現段階では、残念ながら謎のベールに包まれたままである。

アレクサンドロス大王の命により炎上した“東方の華”ペルセポリス

オリエント全域を支配したアケメネス朝ペルシアの王宮跡ペルセポリスにあるクセルクセス門（万国の門）の人面有翼獣神像。牡牛の身体に人の頭部をつけた神像は古代メソポタミアの遺跡でよく見られる。

【登録名】ペルセポリス
【所在地】イラン・ファールス州
【登録年】1979年
【登録区分】文化遺産
【登録基準】①③⑥

ペルセポリスはイラン南部のシーラーズ北東約60キロの高原地帯にある。ダレイオス1世、クセルクセス1世の2代にわたって造営された古代ペルシア帝国の都市で、往時はその美しさから〝東方の華〟と称された。

慈悲の山という意味のクーへ・ラフマトの岩盤の上に、４５５メートル×２９０メートルの大基壇が造成され、その上に謁見の間（アパダーナ）、ダレイオス宮殿、クセルクセス宮殿、ハーレムなどが建てられた。

注目すべきは謁見の間で、天を衝《つ》くように高くそびえる列柱が林立し、軍隊の勇ましい行進を描いた壁面のレリーフが飾られている。

ペルセポリスの列柱は2種類に大別することができる。一つは、エンタシス（円柱の中央部のふくらみ）のない柱座と柱頭に花弁などの装飾をあしらったもの。おそらく、頂に双頭の牛か獅子の彫刻が載っていたと考えられている。

もう一つは高さ20メートルにも及ぶ柱の上部3分の1に、刀の柄のような装飾が施されている大胆なデザインのものだ。

これらのモチーフは、ギリシアやローマ、エジプトともまったく違う独特のものである。ペルセポリスを創建したダレイオス1世は、ギリシア人の技術者や工匠を招いて建設にあたったとされるが、これらの柱は、ギリシア的な技術をベースにしながらも、完全にペルシア風に仕上げられている。このような特徴は、ペルセポリス全体の造形の特徴になっている。

ペルセポリスの遺構は、小アジアを越えて遠くアフリカ大陸までを支配したペルシア大帝国の力を示しているが、アケメネス朝ペルシアはギリシアとの戦争で衰退し、紀元前330年、アレクサンドロス大王との戦いに敗れて滅亡した。そして、このペルセポリスの都も大王が入城した数か月後に火災によって廃墟と化したのである。

実は、この火災の原因が今も謎とされているのだ。

アパダーナ（謁見の間）の列柱。各国の王がここでアケメネス朝の王に謁見した。

最も有力とされているのは、大王による報復放火説である。紀元前330年1月にペルセポリスへの無血入城を果たした大王だったが、それまで無敵を誇っていたペルシア軍には痛い目にあってきた。その報復のため、ペルセポリスの都に火を放ったというのである。

しかし都の炎上は、紀元前330年の4月だった。入城から3か月も経ってから報復するというのは、かなり不自然な話である。

もう一つの説は、大王が酒に酔って火をつけたというものだ。「アテネの遊女にそそのかされた大王が、酔った勢いで火を放ってしまった」と、古代ギリシアの作家プルタルコスが記している。

アレクサンドロス大王も存在を知らなかったペルセポリス

もう一つ、ペルセポリスには謎がある。それは、そもそもペルセポリスがなぜ造られたのかがわかっていないという点である。

ダレイオス1世がペルセポリスを築く以前からペルシア帝国は、初代キュロス2世が民族発祥の地パルーサに築いた最初の都パルガサエ、現在のイラン北部にあたる岩山に位置するエクバタナ、新バビロニア王国の古都バビロン、ペルシア湾に近接したスーサという4つの都を持っていた。にもかかわらず、なぜペルセポリスを築いたのだろうか。

ペルセポリスとは、「ペルシアの都」を意味する言葉だ。そのため、ペルセポリスは長らくペルシアの首都と考えられてきた。ところが、ペルセポリスの発掘調査によっても、政治に関する記録が一切発見されなかったのだ。それは、ペルセポリスが首都でも政治の中心でもなかったことを意味しているのではないか。

アレクサンドロス大王が残した記録に、次のような不思議な一節がある。

「私は、ペルシアに攻め込むまで、ペルセポ

クセルクセス1世がライオンと戦う有名なレリーフを見ることができる「百柱の間」。マケドニア軍によって焼き払われ、廃墟と化した。

リスの存在を知らなかった」

また、長年ペルシアと敵対してきたギリシアには、ペルシアについて多くの記録が残されているが、ペルセポリスについての記録は一つもないのだ。

こうしたことから、ペルセポリスはダレイオス王の秘密の隠れ家だったのではないかという説もある。

だが、宮殿には諸国の高官が王に拝謁する「謁見の間」が堂々としつらえられていた。そのような都が王の隠れ家だというのも、ひどく矛盾した話だろう。

それならば、あれだけの大々的な王都の建設は、いったい何のためだったのか。

あるいはペルセポリスはペルシア民族の原点を記憶にとどめるための壮大な記念碑であり、世界の支配者となった栄光を讃える殿堂として造られた町なのかもしれない。

そして、入城後しばらく経ってからそれを知ったアレクサンドロス大王が、怒りを覚えて焼いてしまった――こう考えれば、すべてが説明できるのではないだろうか。

ロマンティックな歴史への扉を開く
プリアモスの財宝

トロイ遺跡

ドイツの実業家ハインリヒ・シュリーマンが1870年から3年を費やして掘り当てたトロイ遺跡。古代ギリシアの詩人ホメロスの英雄叙事詩『イーリアス』に登場する伝説の都トロイかどうかは、今も謎のまま。

【登録名】トロイの古代遺跡
【所在地】トルコ北西部・ダーダネルス海峡周辺
【登録年】1998年
【登録区分】文化遺産
【登録基準】②③⑥

トロイの遺跡は、トルコの北西端、ダーダネルス海峡に近いヒッサリクの丘にある。トロイは長い間、ホメロスの叙事詩『イーリアス』や「ギリシア神話」に登場する伝説上の都市と考えられてきた。しかし、ドイツの実業家ハインリヒ・シュリーマンは実在を信じ、幼い頃からその発掘を夢見ていたという。

『イーリアス』をじっくりと研究した結果、彼はトロイはヒッサリクの丘にあると推定した。その根拠となったのは、『イーリアス』に、トロイの近くには川があると記されていること、トロイアの英雄ヘクトールが、アキレウスに殺され、戦車によって引きずり回されるほどの広大な土地が近くにあることだった。

こうしてシュリーマンは、1870年にヒッサリクの丘の発掘を開始した。そして、1873年に黄金製の容器、精巧に作られた宝冠や耳飾りなどの装飾品、そのほか青銅製品など数百点を発見。これはいわゆる「プリアモス(トロイ最後の王)の財宝」といわれ、トロイが実在する証《あかし》とされた。

ちなみに、プリアモスの財宝は密かにギリシアに持ち出され、ドイツに寄贈された。これと引き替えに、シュリーマンはベルリン名誉市民の称号を得たとされる。その後、プリアモスの財宝はソ連によって持ち去られ、現在はモスクワのプーシキン美術館で展示されているが、トルコとドイツが所有権を主張しており、係争中である。

シュリーマンが発見したのは伝説のトロイか

プリアモスの財宝が発見されると、それまで考古学界では相手にされなかったシュリーマンの主張がようやく受け入れられ、ヒッサリクの丘は専門家によって発掘が行なわれるようになった。その結果、この丘には9層の遺跡が重なっているのがわかった。

最下層の第1市の城壁は小石と粘土で造られている原始的なものだが、明らかに支配者が存在し、すでに銅器が使われていた点から、紀元前3000年頃のものと考えられている。

第2市には巨大な石を積み上げて築かれた直径ほぼ100メートルにも及ぶ強固な城壁

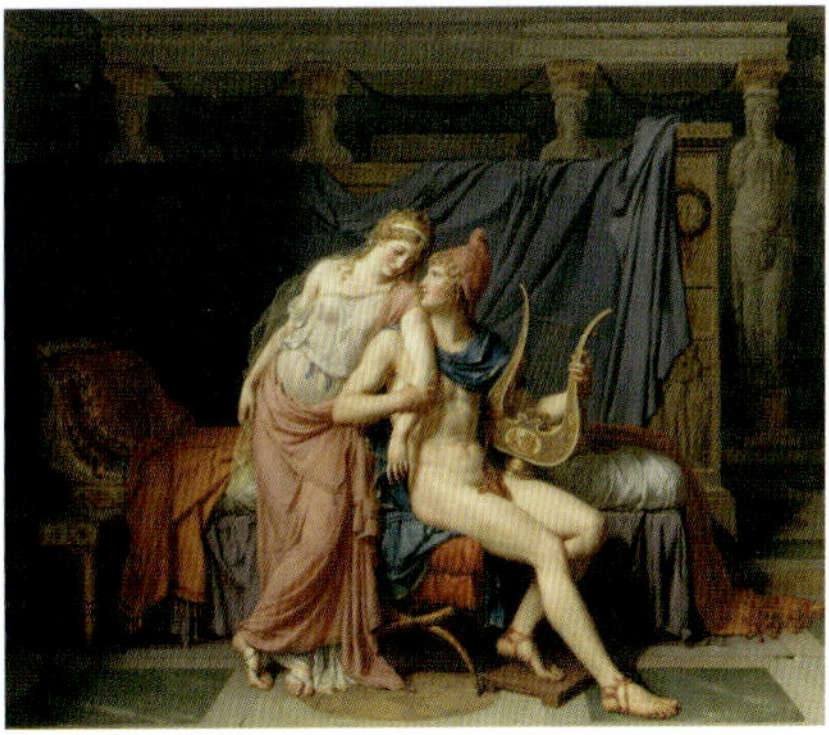

ダヴィッド画『パリスとヘレネの恋』。ヘラ、アテナ、アフロディテの争いの審判を命じられたトロイア王子パリスは、アフロディテを選んだ褒美として、スパルタ王妃で絶世の美女として名高いヘレネを妻として授かる。

が存在し、豪華な宮殿や住居群も発見された。そこで紀元前2500〜紀元前2200年頃にエーゲ海第一の文明として威容を誇った町と推測された。

第2市は何らかの理由で滅び、紀元前2300〜紀元前2000年にかけて第3、第4、第5市が造られた。ただし、これらの町は、トロイ文化の名残をわずかにとどめるほどの、貧弱で小規模な村に過ぎなかった。

続く第6市は、9層の遺跡のなかで最も広い砦を持ち、塔を備えているためにトロイが再興されたと考えられたが、建物のモチーフなどを調べると、今までとは異なりミケーネ文化圏に属していたことがわかる。この町が紀元前1300年頃に地震で壊滅すると、すぐに第7市のAが築かれた。

この町の寿命はなぜか短く、続く第7市のBは小規模なものだった。そしてこの後の第8市、第9市はギリシア人、ローマ人の町と考えられている。

トロイ戦争が起きたのは、紀元前1200年代の中期とされている。そのことから、伝説上のトロイは第7市Aの時代と考えられている。実際、この第7市Aの遺跡からは『イーリアス』に記されている大規模な要塞も発見されているし、地震などの要因がなかったにもかかわらず、寿命も短かった。これは、トロイ戦争が実際にあったことの証拠とされている。

ちなみに、シュリーマンが発掘したプリアモスの財宝は、この第7市Aの遺跡ではなく、トロイ戦争より古い時代の第2市の遺跡で発見されたものだった。つまり、シュリーマンが発見したのは、伝説のトロイではなかった。また、プリアモスの財宝も、プリアモスのものではなかったということになるのだ。

とはいうものの、シュリーマンがヒッサリクの丘に注目したことが、トロイ遺跡発見のきっかけになったわけだから、やはり彼の功績は大きい。

現在、トロイ遺跡の入り口には、あの有名な「トロイの木馬」の複製が置かれている。だが、トロイとホメロスの詩の関係やトロイ戦争の実態については諸説あり、ヒッサリクの丘で発見されたこの遺跡が本当にトロイの町なのかという疑念も未だに残されているのである。

ギリシア神話をもとに複製されたトロイの木馬。スパルタ王妃ヘレネをめぐり、ギリシア連合軍と10年に及ぶ戦争となったトロイアは、「トロイの木馬」の計略によって、一夜にして陥落した。

東西の文化が交錯する 帝都の栄枯盛衰と神秘の至宝 イスタンブール歴史地域

スルタン・アフメット1世によって建築されたスルタン・アフメット・ジャーミィ。青いイズニク・タイルが美しく、「ブルーモスク」と呼ばれる。

【登録名】イスタンブール歴史地域
【所在地】トルコ・イスタンブール
【登録年】1985年
【登録区分】文化遺産
【登録基準】①②③④

ヨーロッパとアジアの接点であるコンスタンティノープル、現在のイスタンブールは、戦略上の拠点であると同時に東西交易の中心地だった。つまり、周辺各地の歴代の権力者たちにとって、ぜひとも手にしたい都であった。

オスマン帝国のメフメト2世も、以前からコンスタンティノープルを手中に収めたいと考えていた。しかし、当時のコンスタンティノープルは東ローマ帝国の首都として栄え、約1000年にわたって難攻不落を誇っていた。

1453年、メフメト2世は驚くべき奇策に出た。ボスポラス海峡側から艦隊を陸揚げし、一夜のうちにコンスタンティノープルの側面に位置する金角湾へと運び込んだのだ。予想もしていなかった方向からの攻撃を受け、コンスタンティノープルは陥落。メフメト2世は念願の地を手中に収め、ローマ帝国の時代も終わりを告げた。

トプカプ宮殿は、このメフメト2世によって1454年から15世紀後半にかけて造られた。宮殿からはボスポラス海峡を一望できる。トプカプ宮殿の名前の由来は、門（カプ）に設置された巨大な大砲（トプ）だった。このように守備を固めていたのはメフメト2世自身も外敵の侵入を恐れていたという証だろう。

宮殿はたびたび災害に見舞われたが、そのたびに再建され、1853年にヨーロッパ風のドルマバフチェ宮殿が建てられるまでは歴代のスルタンたちによって増改築が重ねられた。そのため、さまざまな様式が取り入れられていて、建物の統一性は保たれていない。

絢爛な空間装飾とハーレム（女性たちのみ住む後宮）で有名なトプカプ宮殿。オスマン・トルコ帝国歴代のスルタンによる世界有数のコレクションを誇る。

メフメト2世から連なるオスマン朝は街を甦らせ、コンスタンティノープルを再び世界最大の都市の一つにまで育て上げた。そして、このトプカプ宮殿は、1923年の共和制樹立後に国立博物館となり、歴代のスルタンたちが莫大な財力で収集した美術品などが保存・展示されている。この展示物を見ただけで、いかにオスマン帝国が強大な力を持っていたのかがうかがい知れるのである。

南極の島々を描いたピリ・レイスの古地図

トプカプ宮殿は1万数千点にも及ぶ古写本や細密画も所蔵しているのだが、そ

キリスト教の大聖堂として誕生し、オスマン・トルコに征服された後はモスクに改築されたビザンチン建築の傑作「アヤソフィア」。

のなかから、なんとも不可解な古地図が発見されたのである。

この古地図は羊皮紙の断片2枚で、大きな地図の一部と思われる。回教暦の日付が記されていたが、これは西暦にして1513年になるようだ。

また、ピリ・イブン・ハジ・ハメッド（ピリ・レイス）という署名もあった。ピリ・レイスはオスマン帝国の提督で、地図作製・編集者として今日に名を残している。現在もベルリン図書館には、彼の編集による海図集『バーリエ』が収録されている。

だが、この地図は、彼が作製したほかの図とは明らかに異なっていた。ひと目で世界地図と判断できるようなものではなかった。大西洋とそれを取り囲む南北アメリカ大陸、ヨーロッパの一部、アフリカ大陸西部などが描かれているらしいのだが、陸地の形には大きな歪みがあったのである。

この地図に関心を持ったのがアメリカの古地図研究家のアーリントン・マラリーだった。やがて彼は、この地図が「正距方位図法」という作図法に基づいて作られていることを解明した。

正距方位図法とは、中心からの距離と方位が正しく記され、地球全体が真円で表される投影法で、国際連合の国連旗にある地図がその代表的なものである。この作図法に則《のっと》って古地図を照合してみると、なんと北アフリカの上空から地球を測ったものとわかったのだ。

　航空機や人工衛星のなかった時代に、こんな地図があったというのは驚異である。いったい、ピリ・レイスの古地図は、どうして作製されたというのだろうか。

　その後の研究で、ピリ・レイスの地図には南極大陸が記されていることも判明した。地図の南米大陸の南に延々と延びている海岸線は、ウエッデル海からクイーンモードランドにかけての南極大陸の海岸線だったのだ。

　しかし、南極大陸の存在が明らかになったのは、この地図の日付より300年も後のことである。

　しかも、この地図に描かれている

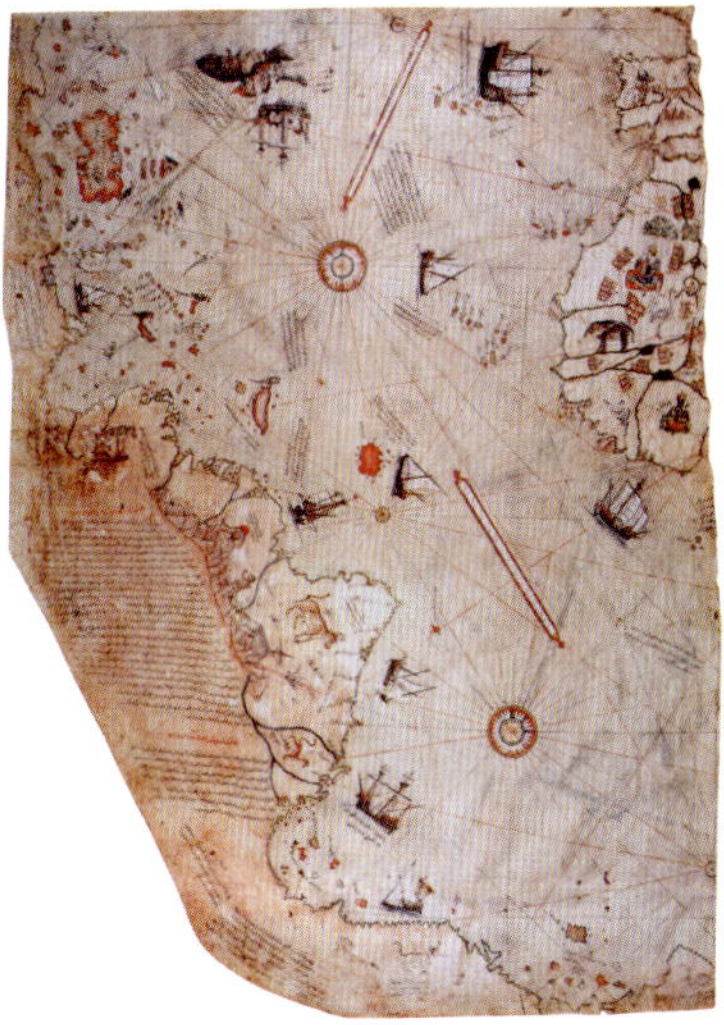

1929年に発見されたピリ・レイスの古地図。

南極の海岸線には、クイーンモードランドを主とする島々が見られたのだ。これらは、現在では南極の厚い氷の下にある。つまり、この地図は南極が全面的に氷で覆われる以前の時代に描かれた地図ということになる。

しかし、南極が凍っていない時代とは、いったいいつだったのか。現代の地球物理学の推定では、およそ1万5000年以上前のものではないかともされている。

地球運行学の権威で、ピリ・レイス古地図の研究家としても知られるチャールズ・ハプグッド教授も「第4氷河期以前に作られたのだろう」と推測している。

当然、ピリ・レイスが描いたものではなく、以前からあった地図を書き写したのだろうが、これらの推測が示すものは何だろうか。

ただ一つ考えられるのは、古代文明の誕生前にも高度な文明が存在していたということだ。そして、「彼らの進化に手を貸した存在」が北アフリカ上空から地球を観測して、この地図を作製したのではないだろうか……。

「王家の谷」で発見された
〝生〟と〝死〟の物語

ツタンカーメン王の墓

両脇にスフィンクスが並ぶカルナック神殿。太陽が昇る東岸は「生者の町」、太陽が沈む西岸は「死者の町」とされ、東岸には神々を祀る神殿、西岸には墳墓が造られた。

【登録名】古代都市テーベとその墓地遺跡
【所在地】エジプト・ルクソール近郊
【登録年】1979年
【登録区分】文化遺産
【登録基準】①③⑥

テーベは現在のカイロから約700キロ上流にあるルクソールの町を中心に、ナイル川の両岸に広がっていた古代エジプト王朝時代を代表する都市である。

都市としての発達はエジプトとしては比較的遅く、記録に初めて登場するのは古王国時代（紀元前28〜紀元前23世紀頃）である。第11王朝の成立とメンチュヘテプ2世の王国再統一によって政治と宗教（アメン信仰）の中心地となった。

王都がほかの地に移された後もアメン信仰の総本山として人々から崇拝され続け、王朝末期の相次ぐ異民族支配下でも、伝統的なエジプト宗教の中心地としてしばしば抵抗の拠点となり、神殿建築はローマ時代まで続いた。

テーベ周辺には、王家の谷、ルクソール神殿、カルナック神殿など、考古学的価値の高い遺跡が多数存在するが、なかでも有名かつ謎を秘めているのは、王家の墓にあるツタンカーメンの墓だろう。王家の谷は、古代エジプト新王国時代（紀元前16〜紀元前11世紀頃）の王墓地で、1817年にイタリアの探検家ベルツォーニが、セティ1世の墓をこの谷で初めて発見したことから発掘が始められたのだった。

ほとんどの墓は盗掘されて豪奢《ごうしゃ》な副葬品は姿を消していたが、1922年にイギリスの考古学者カーターらが発見したツタンカーメン王の墓は、唯一、盗掘を免れていて、

5000以上の埋葬品が若い王のミイラとともに発見された。

ツタンカーメンは、古代エジプト第18王朝の12代目の王で、在位は紀元前1347～38年頃と推定されている。王位に就いたのは、わずか9歳のとき。死亡時も20歳に満たない少年王だった。

墓を造る十分な時間がなかったため、ツタンカーメンの墓は王の墓としてはきわめて小さく、短い階段と前室、付属室、玄室、宝庫の4室しかなく、地表からあまり深く掘られてはいない。にもかかわらず盗掘人たちに発見されなかったのは奇跡とされている。

ツタンカーメンをめぐる謎は多い。たと

古代エジプト初の女王として強大な権力を誇ったハトシェプスト女王の巨大な葬祭殿。

えば、つい最近まで両親すらわかっていなかったのだ。9歳で王位に就いていることから、王家の血筋だったと考えられていたが、王位継承権を得たのはアクエンアテン（アメンホテプ4世）の娘アンケセナーメンと結婚したからだった。そのため、ツタンカーメンは王家の血を引いていなかったのではないか、という疑問を持たれ続けたのである。

ツタンカーメンの両親探しが最新のDNA鑑定技術で行なわれた結果、アクエンアテンとその姉妹の一人との間に生まれたことが最近になって判明した。つまり、ツタンカーメンとアンケセナーメンは異母姉弟同士で結婚したのである。

さて、ツタンカーメンの死因も謎の一つである。CTスキャンや放射線調査によって、直接の死因は大腿骨の骨折と、マラリアの合併症による体調不良の悪化が原因だということが判明したのはつい最近のことである。しかし、その大腿骨の骨折がどのようにして起きたのかは明らかではなく、未だに他殺説を主張する研究者は少なくない。

その説に拍車をかけたのが、レントゲン撮影で発見された頭蓋骨のなかの小さな骨の断片だった。この骨は脳を鈍器でなぐられたときのものではないか、というのである。この説を最初に口にしたのは、イギリス・リバプール大学のR・G・ハリスン教授で、教授は、「この傷は棍棒《こんぼう》、または剣の柄《つか》で頭部を強く打たれたものではないか」と語った。

通説通り、チャリオット（戦闘用の二輪車）からの落車による骨折の可能性も考えられる。これなら、大腿骨が同時に骨折しても不自然ではない。だが、ツタンカーメンの墓には、二人の胎児の遺骸も埋葬されていた。事故死だとすれば、なぜ王の血を引く幼い子どもまで抹殺しなければならなかったのか。こうした状況証拠を考え合わせると、ツタンカーメン暗殺説はさらに信憑性を増してくるのである。

ツタンカーメンは、暗殺されなければならないほどの危険人物だったのだろうか。残された記録からは、そんな様子はまったく見られない。だとすれば、どうして暗殺されなければならなかったのだろうか——未だにその謎は解明されていない。

ほぼ未盗掘の状態で発掘された悲劇の王ツタンカーメンの墓。黄金のマスクなどで人々を魅了する半面、９歳で即位し、若くして亡くなった原因や発掘関係者の相次ぐ死など、謎に満ちている。

ファラオの呪いで死んだ者はいなかった？

第3の謎は「ファラオの呪い」である。ファラオとは古代エジプトの王の別称で、王の墓をあばいた者にはファラオの呪いがかかり、ベッドの上で安らかに死を迎えることはできないという言い伝えがある。ハワード・カーターがツタンカーメンの墓を発掘する際、スポンサーになったカーナヴォン卿が57歳で突然死亡したときも、ファラオの呪いという言葉が当時の新聞の紙面に躍った。また、「発掘に関わった者のうち、1930年まで生き残ったのは一人だけだった」ともいわれている。

しかし、これはカーナヴォン卿が急死したことにかこつけて作られた捏造話《ねつぞう》にほかならない。たとえば、カーターは1939年、64歳まで生きているし、彼らと一緒に最初に王墓に入ったカーナヴォン卿の娘イブリン・ハーバート（当時20歳）は享年78（1980年）と、カーター以上の長命だった。さらに、墓の発掘に関わった主要メンバーまで幅を広げても、1930年までに死んだのはカーナヴォン卿一人なのである。

神秘主義者の方々には申し訳ないが、どうやら「ファラオの呪い」は、墓泥棒を遠ざけるための方便だったようである。

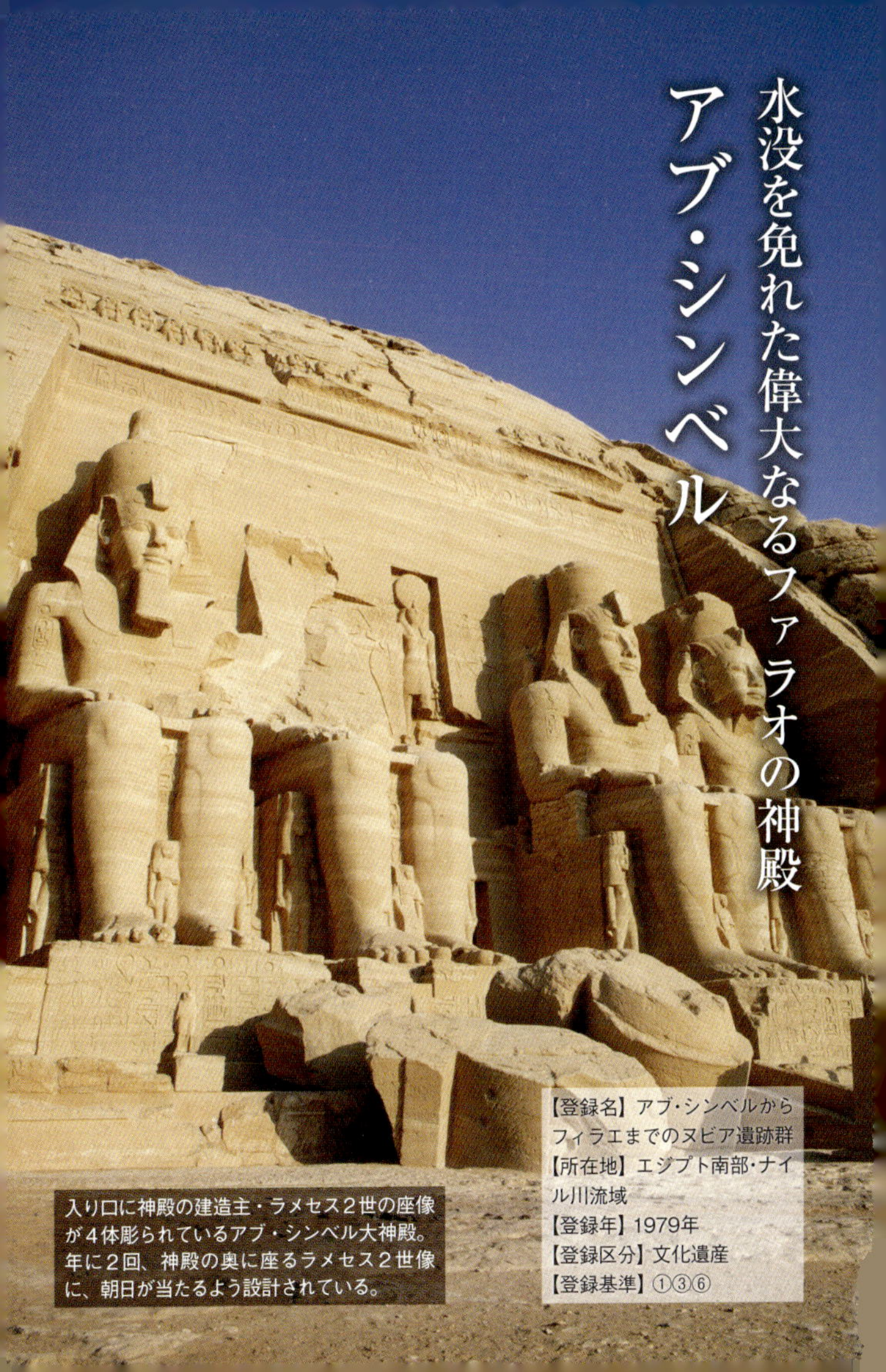

水没を免れた偉大なるファラオの神殿

アブ・シンベル

入り口に神殿の建造主・ラメセス２世の座像が４体彫られているアブ・シンベル大神殿。年に２回、神殿の奥に座るラメセス２世像に、朝日が当たるよう設計されている。

【登録名】アブ・シンベルからフィラエまでのヌビア遺跡群
【所在地】エジプト南部・ナイル川流域
【登録年】1979年
【登録区分】文化遺産
【登録基準】①③⑥

アブ・シンベルもまた、エジプトに残された貴重な遺跡の一つだ。エジプトの南部アスワンからさらに南へ約280キロ行ったところにあるナイル川西岸の岩窟神殿遺跡で、アブ・シンベル大神殿とアブ・シンベル小神殿がここにある。

紀元前1250年頃、ラメセス2世によって造られた7つの神殿のうちの2つだが、長い年月の間に砂に埋もれていた。1813年、スイスの東洋学者で探検家のヨハン・ルートヴィヒ・ブルクハルトによって小壁の一部が発見され、イタリア人探検家ジョヴァンニ・バッティスタ・ベルツォーニによって出入り口が発掘され、その存在が世界中に知られるようになった。ところが、遺跡があるヌビア地方がアスワン・ハイ・ダムの建設によって水没することが判明。貴重な遺跡を保存するため、ユネスコの援助で1964〜68年、両神殿をナイル川より64メートル高い場所に解体・移築されたものだ。余談だが、この大規模な移設工事がきっかけとなり、遺跡や自然を保護する「世界遺産」が創設されることとなった。

アブ・シンベル大神殿は、高さ約33メートル、幅38メートル。正面には高さ20メートルの巨大なラメセス2世の椅座像が4体も置かれており、その周囲には皇太后ムトヤ、王妃ネフェルタリ、皇太子アメンヒイコフシェフなどの立像が並んでいる。

神殿は岩をくり抜いて造られた奥行き55メートルにも及ぶもので、いちばん奥には、ラー・ホルアクティ神、アメン・ラー神、プタハ神、ラメセス2世の像が奉られている。そしてその途中には、ラメセス2世が神格化されるにふさわしい理由として、王の偉業、カディシュの戦い、シリア・リビア・ヌビアとの戦いの模様が浮き彫りで描かれている。

実は、この神殿には、あるからくりが隠されている。年に2度だけ、入り口から射し込んだ朝の光が至聖所まで達し、冥界神のプタハを除いた3体を明るく照らすようになっているのである。

もともとはラメセス2世が

大神殿の大列柱室。立像はすべてラメセス2世像。

生まれた2月22日と、王に即位した10月22日にこの現象が起こるように設計されていたのだが、現在は遺跡の移設によって2月20日と10月20日に変わっている。つまり、現代の技術を持ってしても、特定の日の朝日を神殿の奥深くまで導くのは難しい作業だったというわけである。それを3000年以上昔の人々が、いったいどのようにして果たしたというのだろうか……。

研究者のなかには「エジプトの遺跡には異星人たちのテクノロジーが使われている」と主張する人もいるが、こうした事実を突きつけられると、その可能性もあると思えてくるではないか。

死後3000年経っても国賓扱いされたラメセス2世

ところで、エジプトの歴代の王のうち、ラメセス2世ほど数多くの神殿や彫刻を現代に残す王はほかにいない。なぜ、ラメセス2世はこれほどの力を持つことができたのか。

その理由は、彼の優れた肉体にある。ラメセス2世のミイラは今もカイロのエジプト考古学博物館に眠っているが、推測される身長は180センチ以上である。当時のエジプト男性の平均は155センチほどとされているから、ラメセス2世は見上げるような大男だったことになる。

当時なら、これだけでも神格化されるに十分な特徴といえるだろうが、さらに彼は長命だった。紀元前1290年に王位に就くと、実に67年の長きにわたって王位にとどまり、90歳を超えるまで元気だったといわれる。ちなみに、古代エジプト人の平均寿命は35～40歳だから、平均の2倍以上生きたことになる。

彼があまりにも長寿だったことから、彼の王子たちは次々に先立ち、王位を継ぐことができたのは、13番目の王子だったというエピソードも残っているほどである。まさに「長老」で、

第1王妃ネフェルタリを奉るために建立された小神殿。左から2番目と右から2番目がネフェルタリ像で、他の4体はラメセス2世像。

人々から尊敬されたことは想像に難くない。事実、ラメセス2世は強大な力を持ちながら、民からも理想的な王として敬愛を集めた人物だった。

ところで、ラメセス2世のミイラがフランスで劣化防止措置を受けたことがあった。この際、エジプト政府はラメセス2世のミイラに、職業欄に「ファラオ」と書かれたパスポートを支給し、フランスに対して、儀仗兵が捧《ささ》げ銃《つつ》を行なう国王への礼をもって迎えることを要求し、叶えられたという。

つまり、ラメセス2世は、死から3000年を経たいまでもエジプト国民の敬意の対象となっている。さすがは、エジプト史上最も偉大な王といわれるだけの人物である。

ラメセス2世のミイラ（エジプト考古学博物館蔵）。

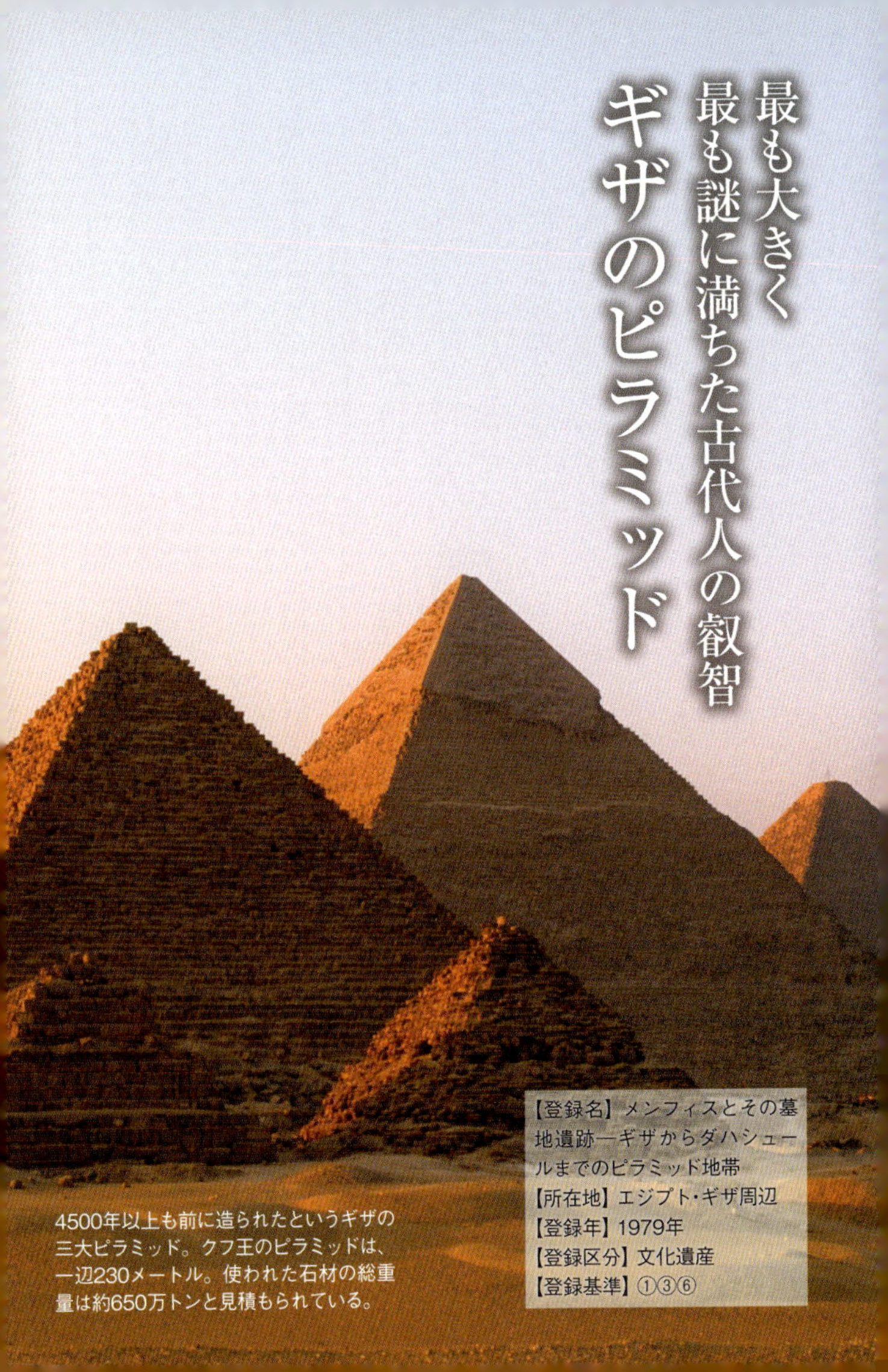

最も大きく 最も謎に満ちた古代人の叡智
ギザのピラミッド

4500年以上も前に造られたというギザの三大ピラミッド。クフ王のピラミッドは、一辺230メートル。使われた石材の総重量は約650万トンと見積もられている。

【登録名】メンフィスとその墓地遺跡―ギザからダハシュールまでのピラミッド地帯
【所在地】エジプト・ギザ周辺
【登録年】1979年
【登録区分】文化遺産
【登録基準】①③⑥

ピラミッドは古代エジプトを代表する遺産の一つで、方錐《ほうすい》形の石造建築物だ。現在80基ほど確認されているが、大部分は古王国の首都メンフィス西方からギザ、サッカラを経てメイドゥームに至る、いわゆる「ピラミッド地帯」に集中している。建造の最盛期はギザの三大ピラミッドが造られた古王国時代の第3～第6王朝（紀元前2600年代～紀元前2200年代頃）とされ、規模・技術ともに最高水準に達していた。

ところで、紀元前2世紀、ビザンチウムの学者フィロンは『世界の七不思議』という本を記した。このなかにはバビロンの空中庭園やアレクサンドリアの大灯台などが登場するが、現存するただ一つの七不思議が、このギザのピラミッドなのである。つまり古代ギリシアの時代、すでにピラミッドは謎に包まれていたということ。しかも、その謎は今もまだ解き明かされていない。

そもそも、ピラミッドが墓なのかどうかも、実はわかっていないのだ。たしかにギザのピラミッドのなかで最も大きなクフ王のピラミッド（大ピラミッド）では石の棺が発見された。しかし、内部にはこれといった装飾も、死者を祀《まつ》るにふさわしい宗教的な設備もなく、石の棺を収めた玄室もあまりにも粗末なのである。クフ王のピラミッドは、入り口から少し入ったところに上昇方向と下降方向に分かれる通路があり、上昇通路を進むと幅2・5メートルの大通廊に通じ、その先に王の間と呼ばれる玄室がある。だが、玄室は東西10・46メートル、南北5・23メートル、高さ5・81メートルで、装飾らしい装飾もなく、玄室のなかには王のミイラを安置する蓋のない石棺が置かれているだけなのだ。この内部構造の簡素さから考えると、ピラミッドを王の墓とするには無理がある。

クフ王のピラミッドに使われた石材の総重量は約650万トンと見積もられている。一個平均約2・5トンとすれば、石材の総個数は260万個にもなる。石の大きさは使用される部分によって異なるが、最大のものは高さ1・5メートル、奥行き2・5メートル、幅15メートルという巨大さだ。もし、このピラミッドがクフ

クフ王のピラミッド内部の大回廊。

王の墓だとしたら、クフ王が王位に就いていた23年の間に完成していなければならなかったはずだ。しかし、そのためにはこの巨大な石を2分30秒に一個のペースで積む必要があり、それが不可能であることは素人でも理解できるだろう。

ところで、19世紀末にピラミッドの建造に関する記述のある碑文が発見されたことがあった。それにはこう書かれていた。

「生けるホルス・メゼル、上下エジプトの王クフ、生命を与えられし王母イシス……、この神殿のかたわらに王女へヌーツェンのピラミッドを建てり。大スフィンクスは大ピラミッドの女王イシスの神殿の南、ロスタの王オシリスの神殿の北に位置せり」

つまり、クフ王の時代にはすでに大ピラミッドが存在していたというのだ。しかも、大ピラミッドは墓ではなく、王母イシスのための神殿だという。

ピラミッドの建造時期を知るヒントになるのがスフィンクスだ。「スフィンクスは、ピラミッドに使用した石を切り出した後に残った自然石を削って造られた」とされている。とすると、スフィンクスはピラミッド建造の後に造られたものになる。だが、スフィンクスの調査により、これまで考えられてきた建造時期よりもかなり古いと推察されるようになった。世界的ベストセラー作家グラハム・ハンコックも「スフィンクスの年齢は、これまでいわれていたよりもずっと古く、ざっと1万5000年は経っている」と語っている。ということは、ピラミッドの建造時期も1万年以上遡ることになり、クフ王の墓という説はあり得なくなってしまうのだ。

地軸反転を予測するための計測器という説も

ピラミッドの建造理由のなかで、最も説得力があるとされているのは「天文に関わる建造物」という説である。天文学者マクノートンによれば、「ピラミッドの傾斜は、おおいぬ座のシリウスとりゅう座のアルファ星に一直線に向いており、建設当時は通路の底から、この2つの星の動きを観測することができた」という。これらはナイルの氾濫《はんらん》を予測するために重要な

権力の象徴である、人間の頭とライオンの胴体を持ったスフィンクス。

星だったのだろうと推察されている。

また、ハーバード大学のリビオ・ステキーニ博士によれば、クフ王のピラミッドは地球の正確な大きさを表しているという。博士は、ギリシアの古文書に「ピラミッドの一基辺は地理度1分の8分の1、辺心距離（頂点から基辺中点までの長さ）は同じく10分の1に相当する」と記されているのを知り、地球測量値に照らし合わせてみたところ、その記述が事実であることを知った。とすると、ピラミッドの建造者は地球の球形と正確な大きさを知っていたことになる。このことから、「ピラミッドは異星人が造った」と主張する者もいる。

さらにユニークなのが、フランスのジャック・グリモー氏が主張する「ピラミッドは地軸反転周期の計測器」という説だ。地球の磁極が数万年〜数十万年に一度の頻度で反転していることは、すでに科学的に証明されている。地軸が反転する際には磁場が消え、地球上の生物たちに悪影響を及ぼす宇宙線が降り注ぐ。これは、人類が滅亡することも考えられる恐ろしいイベントだ。ピラミッドはこれに備えるため、地軸反転を予測するための巨大計測器だというのだ。ギザの大ピラミッドは墓なのか、それとも計測器なのか……結論は21世紀になっても未だに出ていない。

南北アメリカ

コロラド川が蹄鉄の形に蛇行したホースシューベンド。

小説『失われた世界』のモデルにもなった
太古の世界
ギアナ高地

ギアナ高地に点在するテーブルマウンテン。なかには3000メートルを超えるものもあり、小規模なものでも標高1000メートルを超える。

【登録名】カナイマ国立公園
【所在地】ベネズエラ南西部
【登録年】1994年
【登録区分】自然遺産
【登録基準】⑦⑧⑨⑩

ギアナ高地は、南アメリカ北東部に位置する高地帯だ。日本の中国地方とほぼ同じ面積、３万平方キロという広大な地域に広がり、ベネズエラやブラジル、フランス領ギアナなど、全６か国にまたがっている。ギアナ高地に点在する山は、上面がほぼ平らなことからテーブルマウンテンと呼ばれ、その数は１００を超えるといわれている。しかし、人跡未踏の地域が90パーセント以上残っているため、正確な数はわかっていない。しかも、テーブルマウンテン周辺は、20億年以上前といわれる世界最古の岩石で形成されており、５０００万年ほど前に隆起して以降、平地と完全に孤立し続けてきた。

このように特異な成り立ちを持つギアナ高地は、「熱帯雨林の奥地で古代に絶滅したはずの恐竜たちが生き残っていた」というコナン・ドイルの小説『失われた世界』の舞台にもなっている。また、最近では映画「アバター」にも影響を与えたとされている。

残念ながら、恐竜や青色の肌を持った知的生命体は生息していない様子だが、たしかにギアナ高地には〝生きた化石〟といわれる珍しい種が多数生息し、調査が行なわれるたびに新種や固有種が発見されている。ギアナ高地に生息する動植物の約4分の3は固有種なのではないかと考えられているほどである。

だが、近年は観光客が増加したことから、ギアナ高地には本来生息していないはずの動植物が持ち込まれたり、排泄《はいせつ》物による汚染によって在来種の数が急激に減少している。

また、ギアナ高地周辺は鉄鉱石やボーキサイト、金、ダイヤモンドなど、豊富な地下資源を埋蔵しているために、許可を受けずに開発を行なう者が後を絶たず、さらに彼らは金の精錬に大量の水銀を使うので、環境破壊が進んでいる。

落差が大きすぎて滝壺が存在しないエンジェルフォール

ギアナはもともと「水の国」という意味である。とくにテーブルマウンテン周辺では貿易風が切り立った崖にぶつかり、年間4000ミリを超える大量の降雨があり、それがテーブルマウンテンの上で川を造り、崖のあちこちから滝となって流れ落ちる光景が見られる。とりわけ有名なのが、アウヤンテプイ（悪魔の山の意）という山にあるエンジェルフォールだ。その落差はなんと979メートルにも達する。もちろん、世界最大の落差である。ちなみに、ナイアガラの滝の最大落差が55メートルといえば、エンジェルフォールの高さが理解できるのではないだろうか。

滝といえばその直下に滝壺があるのが常識だが、エンジェルフォールにはそれがない。

あまりにも落差が大きく、地表に到達する前に水が霧散してしまうからである。だが、滝壺はなくても滝の直下では常に激しい暴風雨が吹き荒れている。

エンジェルフォールは水の色にも特徴がある。透明ではなく、赤茶色を帯びて

標高2560メートルのアウヤンテプイ（悪魔の山の意）から流れ落ちるエンジェルフォールの落差は979メートル。地上に着く前に霧となり、熱帯の森を潤す。

いるのだ。これは、テーブルマウンテンの上に生えている植物のタンニンが溶け出したもので、エンジェルフォールだけではなく、ギアナ高地周辺の川や湖は、すべてこの色に染まっている。

ところで、エンジェルフォールは「天使の滝」という意味だと思っている人が多いようだが、実は発見者の名前に由来している。1933年のこと。上空から金鉱脈を探していたアメリカ人パイロットのジミー・エンジェルは、アウヤンテプイから流れ落ちる巨大な滝を発見し、それをメディアを通じて発表した。これ以降、この滝はエンジェルフォールと呼ばれるようになった。

ちなみに、エンジェルは妻にこの滝を見せようと1937年にギアナ高地を再訪。アウヤンテプイの山頂に着陸したものの再離陸できなくなり、なんと11日もかけて下山し、辛うじて原住民に救われたという。このことからもわかる通り、すべてにわたって桁外れなのが、このギアナ高地の最大の特徴といえるだろう。

99%以上が未踏の秘境に
轟きわたる瀑音

イグアスの滝

【登録名】イグアス国立公園
【所在地】アルゼンチン・イグアス県とブラジル・パラナ州
【登録年】1984年（アルゼンチン）、1986年（ブラジル）
【登録区分】自然遺産
【登録基準】⑦⑩

世界三大瀑布の一つに数えられるイグアスの滝。圧巻は「悪魔の喉笛」と呼ばれる流域最大の滝。

イグアス国立公園は南アメリカ南東部を流れるイグアス川の両岸に広がる広大な亜熱帯林である。イグアス川の北側はブラジルの「イグアス国立公園」、南側はアルゼンチンの「イグアス国立公園」で、それぞれ別々の世界遺産として登録されているのがユニークなところだ。ちなみに、世界遺産に登録されたのはアルゼンチン側が1984年で、ブラジル側よりも2年早かった。

アルゼンチン側は琵琶湖とほぼ同じ広さで、ブラジル側に至っては香川県とほぼ同じ広さという広大な国立公園だが、前人未踏の地域も多く、一般客に開放されているのは公園全体のわずか0・3パーセントに過ぎない。

絶滅危惧種に指定されているレオパードやジャガーなどの希少動物が数多いことでも知られ、公園内だけでも約80種のほ乳類、約450種の鳥類が生息している。ただし公園の規模があまりにも大きいため、一部の鳥類を除き、観光客が希少種に出合えるチャンスはほとんどないという。

イグアス国立公園で最も注目を集めるのは、新世界七不思議にも選ばれたイグアスの滝である。ナイアガラの滝、ヴィクトリアの滝（アフリカ大陸のジンバブエとザンビアにまたがる）と並び「世界三大瀑布」にも数えられる巨大さで、季節によって変化するものの、大小300以上の滝が4キロにわたって連なっている様子はとにかく雄大としか表現のしようがない。

10年で3センチも岩盤を削る「すごい水」

イグアスの滝のなかで最も巨大なのは、「悪魔の喉笛」という滝だ。落差82メートル、幅は700メートルにも達し、あまりの水量で滝壺が見えないほどである。ちなみに「悪魔の滝」という名も、大量の水が落ちていく様子や音が、あまりにも恐ろしいことに由来している。

アメリカ合衆国第26代大統領セオドア・ルーズベルトは、夫人を伴ってイグアスの滝を訪れたが、その際、夫人は「かわいそうなナイアガラよ」と呟《つぶや》いたという。1分間に最大610万

滝の裏側に巣を作り、天敵から身を守るオオムジアマツバメ。

リットルと、ナイアガラの滝の1・5倍以上の水量が岸壁を流れ落ちていくイグアスの滝を目の当たりにすれば、その言葉がよくわかるはずだ。

ところで、この滝は植民地時代にはキリスト教の影響から「サンタ・マリア（聖マリア）滝」と呼ばれていた。だが、この周辺に住むインディオが「イグアス（すごい水）」と呼んでいたために、イグアスの滝と改められて現在に至っている。

この「すごい水」のエネルギーはすさまじく、過去100年で30センチも岩盤が削られ、現在も滝全体が上流へ後退しているという。滝の面積だけを見ると、アルゼンチン側が8割近くを占めるが、景観はブラジル側のほうが優れているといわれる。見どころの「悪魔の喉笛」も、アルゼンチン側からでは見下ろすようにしか見られないが、ブラジル側には長く突き出た展望台があり、「悪魔の喉笛」の全貌を楽しむことができる。

400キロ以上にわたる大峡谷が刻む

20億年の地球の歴史

グランド・キャニオン

奇跡の谷という表現がふさわしい、幻想的な世界が広がるアンテロープ・キャニオン。

【登録名】グランド・キャニオン国立公園

【所在地】アメリカ合衆国・アリゾナ州北西部

【登録年】1979年

【登録区分】自然遺産

【登録基準】⑦⑧⑨⑩

アメリカ合衆国南西部に広がる美しい大峡谷……それがグランド・キャニオンだ。コロラド川がコロラド高原を浸食してできた地形で、2億5000年前から、最も古いもので20億年前の先カンブリア紀のものといわれる地層を目の当たりにできる希少な場所である。そして、現在もコロラド川による浸食は続いている。

幅6～29キロ、深さは最大で1600メートルに達する断崖が400キロ以上にもわたって続くが、あまりにも険しいため両岸をつなぐ橋はたった2本しかない。

グランド・キャニオンと人間の関わりは古く、1万年前にはすでに住む者がいたと考えられており、先住民も少なくとも4000年前には住み始めていた。ヨーロッパ人が初めてこのグランド・キャニオンを訪れたのは1540年のこと。スペインの軍人ガルシア・ロペス・デ・カルデナスを隊長とする探検隊だった。彼らは高低差1000メートルほどもあるサウスリム（コロラド川の南側）を下り金鉱脈を探そうとした。

しかし、途中で水が尽きたために撤退。サウスリムに戻った後、近くに住む先住民のホピ族から「ここら辺に金はない」と聞かされて興味を失い、帰還した。

本格的な調査が行なわれるようになったのは、それから100年以上過ぎた1869年だった。アメリカの軍人ジョン・ウェズリー・パウエルが当時まだスペイン領だったこの地域の調査を行ない、グランド・キャニオンの素晴らしさを広く伝えたのである。

写真では荒涼とした大地に見えるグランド・キャニオンだが、実際には1500種以上の植物や89種にも及ぶほ乳類などの生息が確認され、生命に満ちた土地である。ただし、ここは国立公園内のため、たとえ動物を見かけても触れることは禁じられており、もしそれに違反すると罰金を科せられることになる。

魂を揺さぶる峡谷地帯は地球の裂け目なのか

グランド・キャニオンはコロラド川の浸食作用によってできたというのが定説である。しかし最新の研究によって、グランド・キャニオンを作り出したのはコロラド川ではないらしいこ

めまいがするほど広大な峡谷地帯は、コロラド川が赤い大地を浸食して造った景観。谷底の地層は、原始生命が誕生した頃のもの。

とがわかってきた。コロラド大学のレベッカ・フラワーズ博士が、グランド・キャニオンの深さ1000メートル以上の地層を最新の年代測定技術を使って調査したところ、コロラド川がここを流れるはるか以前の5500万年前、ここには今と逆方向に別の〝古い川〟が流れており、それによって現在の地形の基礎的部分が築かれたことがわかったという。その後、地形の変化によって古い川と逆方向にコロラド川が流れ始め、現在のグランド・キャニオンの地形が形成されたというのだ。

また、そもそもグランド・キャニオンは川の浸食作用で誕生したのではないという説もある。それによると、グランド・キャニオンは宇宙からやってきた巨大なプラズマがコロラド平原に衝突したときの激しい衝撃によってできた、いわば地球の割れ目だというのだ。そして、その強大なエネルギーを抱えたプラズマは、宇宙に満ちているダークマターエネルギーから発生したものだという。たしかに宇宙の組成を調べたところ、観測可能な目に見える物質は全体の5パーセント足らずしかなく、27パーセントはダークマターと呼ばれる未知の物質で、残りの69パーセントはダークマターエネルギーというまったく正体不明のもので構成されていることがわかっている。

ダークマターとダークマターエネルギーは目に見えないために観測方法が確立してお

らず、その正体が何なのかは未だにわかっていない。だが、ダークマターとダークマターエネルギーは宇宙の創世に密接に関わっており、もし存在していなかったら地球も太陽系も、そして銀河系も生まれなかっただろうとされる重要なものである。

組成の割合から見てもわかる通り、ダークマターエネルギーは地球の周囲にもたくさん存在している。そのダークマターエネルギーが、何らかの方法でプラズマを生成し、それがたまたま地球に衝突したというわけだ。

どのような理由で誕生したにせよ、グランド・キャニオンは私たちに想像を絶する大自然の造形美を楽しませてくれている。

グランド・キャニオンのトロウィープ・ポイント。

巨大なマグマ溜まりが地下に横たわる
超ホットスポット

イエローストーン国立公園

アメリカで最も古い歴史を持つ国立公園は、地上最大級の火山の真上に位置している。間欠泉や温泉池、噴気孔などが1万か所近くある。すり鉢状の温泉池「モーニンググローリープール」は、91分間隔で熱泉を噴き上げる。

【登録名】イエローストーン国立公園
【所在地】アメリカ合衆国・アイダホ州、モンタナ州、ワイオミング州にまたがる国立公園
【登録年】1978年
【登録区分】自然遺産
【登録基準】⑦⑧⑨⑩

イエローストーンはアメリカ合衆国にある世界で初めての国立公園である。イエローストーンが国立公園になるきっかけを作ったのは、1801年に第3代アメリカ合衆国大統領に就任したトーマス・ジェファーソンだった。彼は、ナポレオン支配下のフランスから購入した未開の地を調査するため、陸軍に「ルイス&クラーク探検隊」を組織した。探検隊は1年半かけてアメリカ大陸の横断に成功したが、その帰路に隊員の一人ジョン・コルターが別行動をとり、イエローストーン川の水源を発見したのである。

彼はその地の様子を報告したが、七色に輝く池、水蒸気が噴き出す泉など、常人の想像を超えていたため、信じる者は誰もいなかった。

19世紀後半、内務省のヘイデン博士が新たに結成した探検隊がイエローストーンを訪れ、コルターの発見がようやく真実だと認められたという。

ヘイデン博士はイエローストーンの美しさに心を動かされ、「この霊域はすべての人類、すべての生物に自由と幸福を与えるために神が創造されたもので、決して私有物にしたり、少数の利益のために開発すべきものではない。この地を国民のために永久に保存するには国立公園とすることが適当」と政府に提言した。この提言が受け入れられ、1872年に第18代アメリカ合衆国大統領ユリシーズ・グラントが「イエローストーン公園法」に署名し、世界で初めての国立公園が誕生したのである。

イエローストーンはロッキー山脈中部にある標高2500メートル前後の高原で、急峻な山々に囲まれているものの、面積は広島県（8479平方キロ）より広い8980平方キロにも及ぶ。

イエローストーンで最も有名な観光スポットは、ジョン・コルターの報告にある水蒸気が噴き出す泉、即ち間欠泉である。その数は3000にものぼるが、有名なのはオールドフェイスフル間欠泉で、1時間余りの間隔で大量の熱水を30～50メートルの高さにまで噴き上げる。また、ジャイアンテス間欠泉は年に2度しか噴出しないが、熱水の噴出が4時間以上も続く世界的に見ても希な間欠泉である。

イエローストーン最大の温泉グランド・プリズマティック・スプリング。濃い青色は極度な高温で水が澄んでいるため。そして、周囲の黄色、オレンジ、赤、茶色という鮮やかな色彩は、バクテリアの働きによるものである。

超巨大火山（スーパー・ボルケーノ）による絶滅の危機

このように、イエローストーンに間欠泉や温泉が多いのは、地下に火山が潜んでいるからにほかならない。しかもそれは、並の大きさの火山ではなく、スーパー・ボルケーノといわれる巨大火山なのだ。

イエローストーンのスーパー・ボルケーノは、すべてが桁外れである。火山にはマグマ溜まりがつきものだが、イエローストーンのマグマ溜まりは、なんと公園の面積とほぼ同じという巨大さなのである。

また、1980年にアメリカのセントヘレンズ山が大噴火を起こして57人が死亡し、高速道路は300キロにわたって破壊されたが、スーパー・ボルケーノの威力は、これの少なくとも2万5000倍と想定されている。

イエローストーンのスーパー・ボルケーノが最初に噴火したのは約220万年前で、それ以降も約130万年前、約64万年前の2度、噴火を起こしている。周期を考えると、そろそろ噴火が起きてもおかしくないのである。事実、イエローストーン周辺では地震が頻発し、池が干上がったり土地が隆起するという、噴火の前兆ともいえる現象があちこちで確認されている。

ユタ大学イエローストーン火山観測所長の予想によると、イエローストーンのスーパー・ボルケーノが噴火した場合、瞬時に8万7000人が死に、火山灰によって物流は完全にストップし、天候も激変するという。また、寒冷化した気候は噴火から10年以上続き、地球規模できわめて大量の餓死者が出ると予想している専門家もいる。

いつの日か訪れると予想されている人類滅亡は、もしかすると、このスーパー・ボルケーノが原因で起きるのかもしれない。

一定間隔で約30～50メートルの高さに4万リットルの熱水を噴出するオールド・フェイスフル・ガイザー。

天文学の緻密な算術を駆使した神殿は

新世界七不思議

チチェン・イッツァ

マヤの最高神ククルカン（羽を持つヘビの姿をした農耕の神）を祀る神殿「エル・カスティージョ」。ピラミッドの四方には階段が設けられ、頂上部分には、そのククルカンの神殿がある。春分と秋分の日に起こるククルカンの降臨現象で知られている。

【登録名】古代都市チチェン・イッツァ
【所在地】メキシコ・ユカタン州
【登録年】1988年
【登録区分】文化遺産
【登録基準】①②③

チチェン・イッツァは、メキシコ・ユカタン州にあるマヤ文明の遺跡である。チチェンとは「井戸のほとり」、イッツァは「水の魔術師」という意味で、かつてこの地を支配していた部族名でもあった。この名が示す通り、この遺跡は天然の井戸「セノーテ」を中心にイッツァ族が築いたものとされている。

遺跡の広さは3キロ×2キロにも及ぶ。6世紀頃のものと思われるモザイク彫刻で上半分を装飾した建物がいくつも発掘され、かなり繁栄していたものと考えられている。

1000年頃、チチェン族は周囲のウシュマル族、マヤパン族と同盟を結ぶが、1200年頃にその同盟を翻したマヤパン族に滅ぼされ、町は放棄されたようである。

このチチェン・イッツァ最大の見どころは、ククルカンのピラミッドと呼ばれる、基底55メートル、高さ30メートルにも及ぶ巨大な建造物だ。

ククルカンのピラミッド建設には異星人が力を貸したのではないかという説がある。その証拠は無数にある。たとえば、神殿の階段や柱を埋め尽くしたマヤ文字に「遺跡の主であるククルカンは、ヘビとともに大空を飛んでやってきた」と記されているし、この遺跡にあるカラコルと呼ばれる天文台の窓や中央のカスティージョと呼ばれる神殿は、春分や秋分の太陽の位置にぴったり照合するように配置されているのだ。

これは、古代マヤ人たちが高度な天文学の知識を持っていたことを示している。さらに精査したところ、この遺跡を造った者たちは、肉眼では絶対に見えない海王星や冥王星の存在も知っていたこともわかってきたのだ。

なぜマヤ人たちは複雑な20進法を使っていたのか

マヤ人たちが恐ろしく進んだ数学知識を持っていたことも、異星人がこの地を訪れていた証拠だという専門家もいる。たとえば、ククルカンのピラミッドは、55メートル四方の基底の四方に91段の階段がついている。そして、9層のテラス、最上階にはもう一つテラスがあり、これらを合計すると365、つまり一年の日数があらわれるのだ。

また、9層のテラスの階段はさらに18のテラスに分けられ、これはマヤ暦の一年間の月数を表している。マヤでは約2700年前まで、一年260日のカレンダーを使っていたと推測されているが、ピラミッドの壁画のパネルは全部で52あり、これは260日の暦と365日の暦が一致するのが52年目であることを示しているともいわれている。

さらに、マヤ文明は当時から「億」の単位を使いこなし、「ゼロ」の存在を知り、小数点以下の計算までできたこともわかっている。そして、グアテマラで出土した彼らの碑文からは4億年前の過去についての記述があり、マヤ人たちの歴史観がいかに壮大だったかがうかがい知れるのである。

ところで、マヤ人たちは20進法を使っていた。世界広しといえども20進法を使っていた民族はほかになく、これはマヤ人そのものが実は異星人だった証拠だと主張する者もいる。

人間は、左右の指の数を合わせて10になったことから10進法を使い始めたとされる。ということは、マヤ人たちの指は左右で20本あったのだろうか。

実は、マヤ人＝宇宙人説の証拠だといわれる古文書が、ユカタン半島の遺跡から発見されたことがある。古文書は長年の風雨に晒されて半分以上も欠落していたが、残った部分から「色

セノーテと呼ばれる聖なる泉。マヤの人々は、この聖なる泉と洞窟に、雨の神チャクが宿っていると信じていた。

の白い息子たちが雨を伴わない雷神を従え、両手の先から火を噴きながら、大空からやってきた」という内容が辛《かろ》うじて読み取れたのだ。研究者たちは、これこそ古代マヤ人たちが宇宙からやってきた証拠だとしている。もしそれが事実だとすれば、古代マヤ人たちがこれほど高度な知識を持っていたこともうなずけるではないか。

こうした一連の証拠から、研究者たちは、「何らかの理由で、古代マヤ人たちは突然、地球を後にして宇宙のどこかの星へ帰還したのだ」と主張している。

だが、なぜ彼らは地球を捨てる決心をしたのか。それは、地球の破滅が近いと知ったからだという。

以前、「マヤ暦が2012年12月23日に人類滅亡を予言している」という話が話題を集めた。幸いなことに、私たちはこの日を無事に過ごすことができたが、実はこの日付は誤りだったというのだ。マヤ暦を私たちが現在使っているグレゴリオ暦に変換した際、閏年《うるう》を計算に入れるのを忘れており、それを訂正すると人類が滅亡するのは2015年9月3日になるという。前回と同様、何事もなく過ごせればいいのだが、実はこれと同じ日付がエジプトのイシス神殿にも刻まれているのである。この不気味な数字の一致はいったい何を示すのか。単なる偶然として片付けてしまっていいのだろうか……。

標高2500メートルの山上に
忽然とあらわれる空中都市

マチュ・ピチュ

400年近くも置き去りにされていた
巨大な人工都市マチュ・ピチュ。

【登録名】マチュ・ピチュの歴史保護区
【所在地】ペルー・クスコ県
【登録年】1983年
【登録区分】複合遺産
【登録基準】①③⑦⑨

ペルー南部に連なるアンデス山中の、標高2500メートルあまりの急峻な2つの山頂。それに挟まれた山尾根に、驚くべき遺跡がある。

遺跡の北、東、西の三方は崖で、3000段もの階段を上らなければたどり着くことはできない。しかも、裾野からは存在がまったく確認できないように造られているのだ。これが「空中都市」と呼ばれるマチュ・ピチュである。

マチュ・ピチュはペルーを征服したスペイン人の記録にも載っていなかったため、インカ帝国滅亡後は数百年にわたって人知れず放置されてきた。それが幸いして、典型的なインカ様式の建築が数多く残っており、インカ研究の貴重な資料となっている。

数百年にわたるマチュ・ピチュの眠りを覚ましたのは、アメリカの探検家ハイラム・ビンガムだった。1911年、インカ道の調査を行なっていたビンガムは、偶然に、この遺跡を発見した。ビンガムは3度にわたってマチュ・ピチュの発掘を行ない、『失われたインカの都市』を上梓。これがベストセラーとなり、マチュ・ピチュの存在は広く世界に知られるようになったのである。

遺跡の周囲には切り立った山の斜面を開墾した石組みの段々畑が数十段も続いている。都市の上部には穀物倉が建ち並んでいるところから、おそらく収穫物をストックし、自給自足態勢を堅持していたと推測できる。

遺跡の中央には緑の広場があり、この広場を挟んで皇帝と女王の宮殿が建っている。そして、広場の東端には、「3つの窓を持つ神殿」がある。この建物は多角形になっていて、シンプルな建物がほとんどのマチュ・ピチュではきわめて珍しい形式である。3つの窓は、インカの始祖神話にあるアヤール兄弟が生まれた場所とされるタンプ・トッコ（3つの窓の聖地という意味を持つ）にちなんだものといわれている。

この神殿からさらに奥へ進める階段があり、そこからは渓谷を一望できる。ここはマチュ・ピチュの聖地だったようで、インティワタナ（「太陽を縛るもの」という意味）と呼ばれる石が据えつけられている。

精巧な石造りでできた馬蹄形の「太陽の神殿」。

マチュ・ピチュへ避難できたのは女性と老人だけだった?

インカ文明は、今なお謎に包まれた部分が多い。謎の解明が進まない最大の理由は、インカ文明が文字を持たなかったためである。マチュ・ピチュの遺跡にも、文字は一切刻まれていなかった。この遺跡が誰によって造られ、どのような目的で使用されたのかは未だにわかっていない。神々を祀る宗教都市だった、緊急避難用の都市だった、あるいは、王が暑い夏を過ごすための別荘だったなど、さまざまな説が語られている。

解明のヒントになるかもしれないのが、遺跡周辺の洞窟でミイラが発見されたことである。マチュ・ピチュの周囲はどこまでも続く岩山で、わずかな木々が山肌を覆っているに過ぎない。その木々の陰に洞窟があり、そのなかが墓として使用されていたのだ。

最初に発見されたのは、川岸から約300メートル上方の断崖絶壁にあった岩棚の下の大きな穴で、50体のミイラ化した遺骸が残されていた。また、都市の東側の崖から、やはり50体ほどのミイラが発見された。さらに、太陽の神殿付近でも墓が発見されるなど、173体ものミイラが発見されているのだ。

ところが、この173体のうち男性のものは23体だけで、残りの150体はすべて若い女性のものと判明した。しかも、男性のミイラはいずれも老人のものだった。いったい、マチュ・ピチュの若い男たちは、どこに姿を消してしまったのだろうか。おそらく、彼らは何者かの襲撃を受けたのではないか、と考えられている。若い男たちはすべて戦いに駆り出され、若い女と年寄りが、緊急避難用に予《あらかじ》め準備されていたマチュ・ピチュに逃れたのだ。だが、男たちは誰一人として帰ってはこなかった。それを悲観して後を追ったのか、あるいは、お互いを殺し合うような惨劇が繰り広げられたのかもしれない。

ちなみに〝何者かの襲撃〟とは、16世紀初頭にスペイン人がインカ帝国を征服したこととされている。

石を積み上げてできた「アンデネス」と呼ばれる段々畑は、山すそまで広い範囲に造られている。

荒涼とした土地に描かれた
天空へのメッセージ

ナスカの地上絵

全長135メートルの「コンドル」。クモやサル、空を飛ぶ正体不明の動物など、さまざまな図形が描かれている。

【登録名】ナスカとフマナ平原の地上絵
【所在地】ペルー南部・ナスカ大地周辺
【登録年】1994年
【登録区分】文化遺産
【登録基準】①③④

ペルーの首都リマから400キロほど南。ナスカ川とインヘニオ川に囲まれた台地上の砂漠に、何者かが描いたとされる巨大な絵が残されている。幾何学図形のほか、サルやクモなどが描かれているのだが、その姿は地上に立っていては知ることができない。そのためこの地上絵の存在が知られるのは、航空機が飛び交うようになってからだった。

「大地に奇妙な線が描かれている」「巨大な絵のようだ……」。

20世紀初頭、ペルー南部のアンデス山脈に挟まれた平原地帯の上空を飛ぶパイロットたちの間で、こんな噂が飛び交っていた。そして、ある日、それが鳥の絵と気がついたパイロットがいた。さらにほかにも多数の絵が確認され、大騒ぎになったのである。こうして、地上絵は全世界に知られることとなった。

その後の調査によって、地上絵は全部で700ほどあることがわかった。いずれの絵も大きく、なかには幅120メートルを超えるものもある。描かれた年代ははっきりしないが、周囲から発見された土器片などから紀元前後頃と推定されている。また、これほど大きな絵をどのように描いたかも明らかになっていないが、おそらく砂漠の石を取り除き、白い砂地を露出させたものと考えられている。こんな簡単な方法でも2000年以上も地上絵が消えずに残っていたのは、ナスカの大地が不毛の地だったからである。

年間数十ミリの雨しか降らないため、誰も耕したり住居地にしようと思わなかったのだ。

このような巨大な地上絵が描かれた理由について、宇宙と何らかの関係があると主張する研究者は多い。最初にそれを指摘したのは、アメリカの歴史学者ポール・コソックである。1941年、妻とナスカ高原に出かけたコソックは、夕日が地上絵の直線の延長線上に真っ直ぐ沈んでいくのを目撃した。この日はちょうど冬至で、これをヒントにコソックがあらためて地上絵と天文学的なさまざまな要素を重ね合わせてみたところ、直線のいくつかが夏至や春分、秋分の太陽の位置を示しているのが判明した。コソックは、地上絵は古代人が天文学の知識を巨大な構図にまとめたもの、つまり「世界最大の天文書」であるという結論を出したのだ。

ドイツからペルーに移住し、数学者でありながら地上絵の研究と保存に生涯を捧げたマリア・ライヘも「地上絵は、天空の星座を地上に描きとったものだ」と主張した。

だが、人工衛星から地上絵を観察できるようになると、さらなる謎が浮かび上がってきた。まるで巨大滑走路のような矢印形の巨大図形が、全長50キロにもわたって描かれていたのだ。

実は、人工衛星がこの巨大図形を発見する十数年も前に、宇宙考古学という新しい研究領域を確立したスイスの研究者エーリッヒ・フォン・デニケンは「ナスカの地上絵は、太古に地球を訪れていた宇宙人の宇宙船が着陸するための滑走路である」と主張していた。デニケンによると、超古代には異星人が地球を訪れていて、彼らが人類に知恵を伝えたのだという。やがて彼らは、自分たちが与えた知恵を活用して、独自の文明を築き始めた人類を見て、異星人は天なる母星に帰っていった。地上絵は、去っていった異星人を偲び、彼らに「もう一度、地球に戻ってきてほしい」というメッセージを伝えているという説もある。だとすれば、宇宙からしか全容がつかめない規模の大きさで描かれている点も理解できるのだが……。謎は未だに解明されていない。

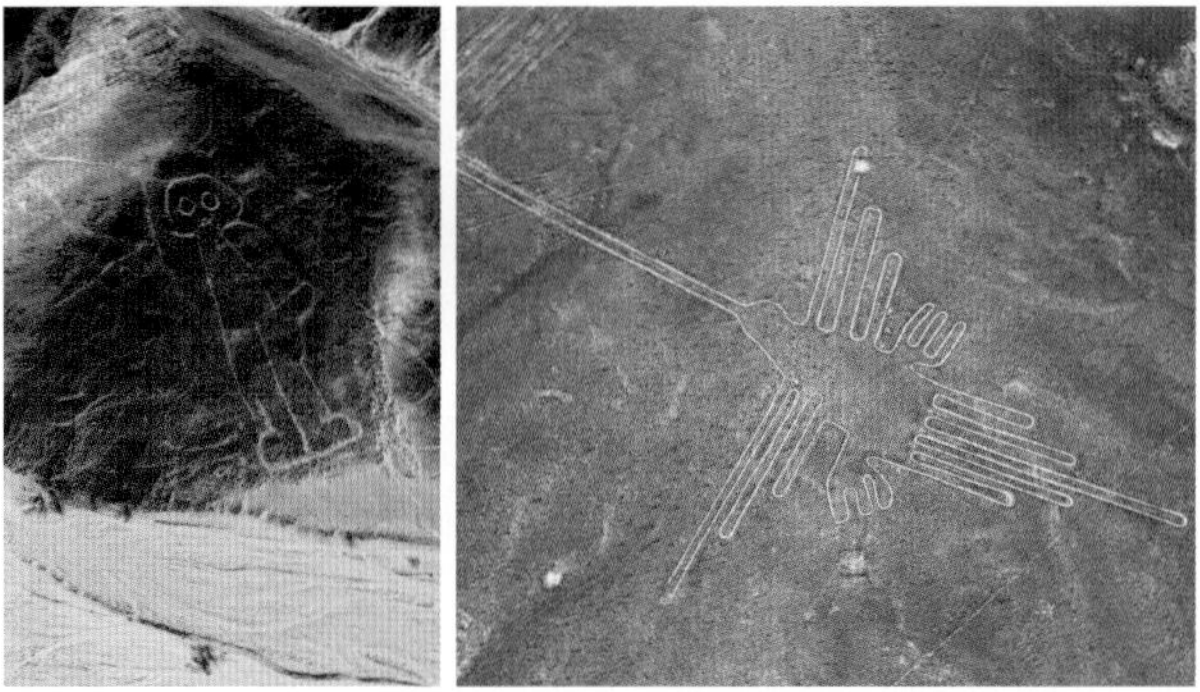

（左）地上絵群から少し離れた山肌に描かれた「宇宙飛行士」あるいは「フクロウ人間」。（右）全長90メートルの「ハチドリ」。天文図、雨乞い儀式、宇宙人の落書きなど多くの仮説が唱えられている。

太陽を崇拝し、高度な文明を築いた インカ帝国の都 クスコ

インカの時代には創造神ビラコチャの神殿跡に建てられたカテドラルや教会などの重厚な建物がそびえるアルマス広場。

【登録名】クスコ市街
【所在地】ペルー・クスコ市
【登録年】1983年
【登録区分】文化遺産
【登録基準】③④

クスコは、アンデス山脈の間を北流するビルカノータ川が造った谷にある。かつてのインカ帝国の首都と同時に文化の中心だった。谷にあるといっても、標高は３４００メートルにも達する高地で、太陽の神殿や都市城壁、アーチなどの遺跡が数多く残されている。そのため、ペルー第一の観光都市となっている。

クスコに初めて居を構えたのは、キルケ人だったとされる。10世紀頃のことだった。13世紀に入ってインカ人たちがクスコを支配すると、神聖な生き物のピューマの形に再開発し、ここに首都が築かれたのである。行政センターとしての機能を果たした神殿のほか、宮殿や貴族の館などの建物が広場や街路に面して整然と配置され、下水道施設も完備していた。そして、クスコの都市計画は帝国の他の町にも模倣されたといわれる。

だが、インカ人たちの平和な生活は突然終わりを告げることになる。１５３４年、ス

ペイン人征服者のフランシスコ・ピサロがクスコに到着し、宮殿や寺院などを次々に破壊していったのだ。

こうして、栄華を極めたインカ帝国はついに滅亡に追い込まれたが、巨石建造物は、辛うじてその姿をとどめている。スペイン人たちは、石垣を新都市建設の土台として使い、大聖堂や修道院、大学などを建設していったのだ。

インカ人たちは、石の魔術師といわれるほど優れた石の加工技術を持っていた。それは、クスコ市内に現存する石垣を見れば一目瞭然《りょうぜん》だ。インカ人たちは、天然の石をそのまま積んでいくのではなく、直線的に切り出した石を巧妙に積み重ねて石垣を造っていった。石と石が組み合わされた部分は直角に切り取られているところもあり、とにかく複雑な構造だ。しかも、石の大きさは不揃いのため、本来ならレンガのようにぴったりとはまることはない。だが、噛み合わせの部分が巧みに磨き上げられていて、カミソリの刃一枚も差し込めないほど密着して仕上がっているのだ。

いったいどのようにして、インカ人たちはこのような精密な石組みを造り上げたのだろうか。研究者たちも熱心に調査したが、未だにヒントすらつかめていない。

だが、複雑に石を組み合わせた理由だけはわかってきた。これは、耐震設計だったというのだ。実際、クスコ市内でインカの石組みを土台に建てた教会が、大地震にあって大きな損傷を負ったものの、土台部分は無傷だったという報告もある。

(上) パズルのように組み合わされた12角の石。インカの人たちは、「カミソリの刃一枚ほどの隙間もない」といわれるほど精巧な石組みを造り上げた。
(下) インカの最も聖なるコリカンチャ (太陽の神殿) があった場所に建つサント・ドミンゴ教会のコロニアル風回廊。

250トンもの巨石をどうやって移動させたのか

ところで、クスコを見下ろすオリャンタイタンボというところに、六枚屏風岩と呼ばれる有名な列石がある。砦の城壁として造られたとされる6つの花崗岩は、それぞれ少しずつ大きさが異なるが、平均して高さ4メートル、幅2・5メートル、厚さ2メートル。重さは50〜80トンはあると推定されている。そんな巨石が、市街地を見下ろす絶壁に立っているのだ。この列石は「インカ人の信仰の場だった太陽神殿の名残である」とする説もある。小さな広場のようになっているスペースに巨石がいくつも転がっていることから、祭壇として使われたと推理されるわけだ。

だが、用途よりも不思議なのは、どのようにして巨石をこの断崖絶壁まで運び上げたのかである。花崗岩の石切り場は、ここから山を下り、川を越え、さらに山を上った15キロ先にしか見当たらないからである。しかも、インカ人は鉄器を持っていなかった。車輪さえ知らなかったといわれる。彼らは荷物を運ぶ際にラマを使っていたが、ラマは牛や馬より力は弱い。人力で作業するにしても、道具は革ひもやロープ、丸太などしかなかったはずである。こんな条件で、彼らはどうやって巨石を運び上げたのだろうか。

また、六枚屏風岩と並ぶ石造遺跡にサクサイワマン遺跡がある。クスコを守るために丘の上に築かれた軍事施設、宗教施設、その双方を兼ねたものと思われる。数万個の石を積み上げて長さ540メートルもの防壁を造っているが、この石材はほとんどが玄武岩である。100トン級の石はざらで、最大のものは250トンにもなると推定されている。ちなみに、玄武岩が産出される最も近い石切り場も、ここから35キロ離れたところにしかない。

しかもその巨大な石は、やはりカミソリの刃一枚ほどの隙間もなく積み重ねられている。スペイン人たちはこれらの石組みを見て「悪魔の仕業だ」と驚嘆したという。

ペルー第二の遺跡と言われるオリャンタイタンボの六枚屏風岩。

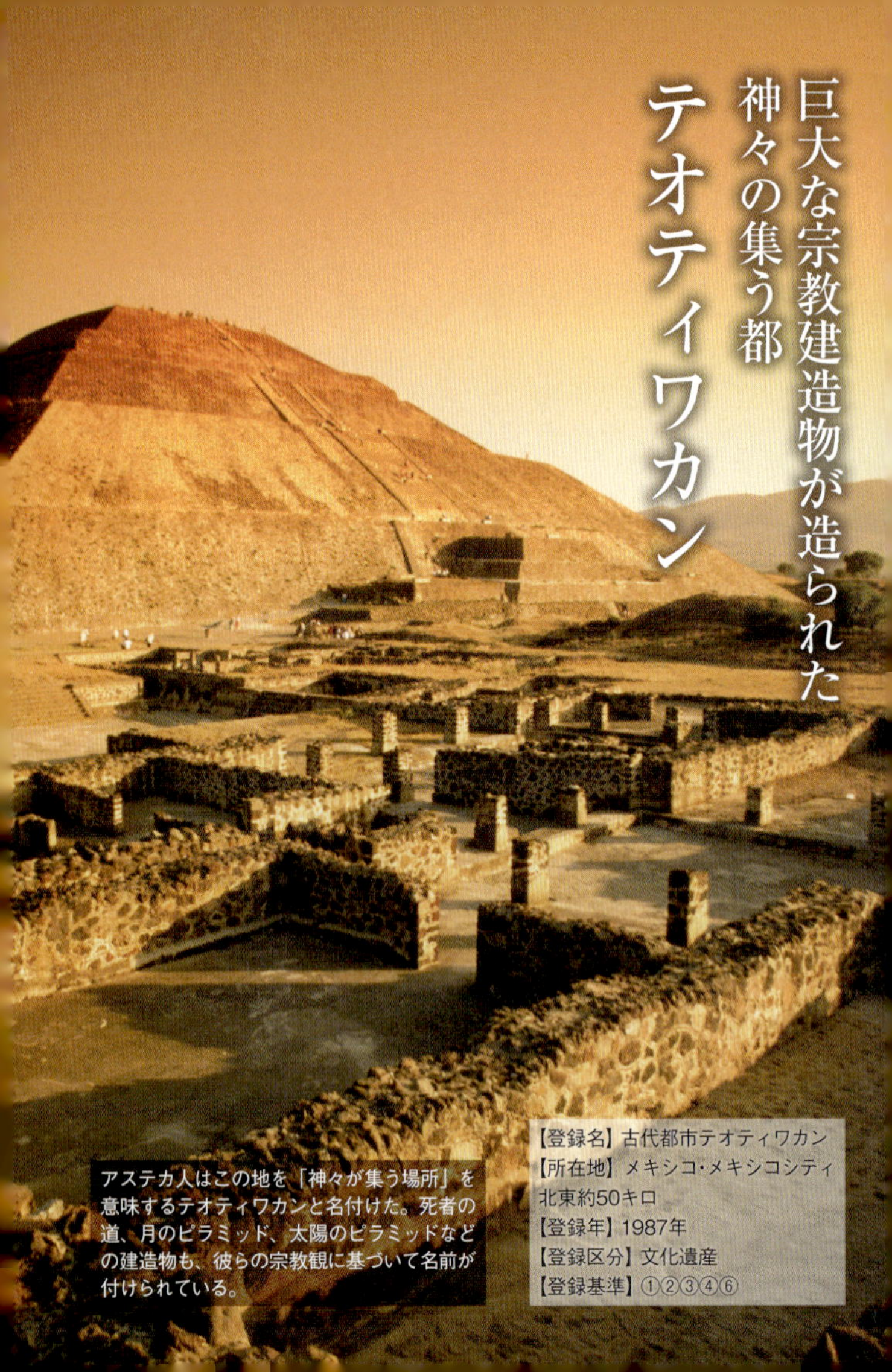

巨大な宗教建造物が造られた
神々の集う都
テオティワカン

アステカ人はこの地を「神々が集う場所」を意味するテオティワカンと名付けた。死者の道、月のピラミッド、太陽のピラミッドなどの建造物も、彼らの宗教観に基づいて名前が付けられている。

【登録名】古代都市テオティワカン
【所在地】メキシコ・メキシコシティ北東約50キロ
【登録年】1987年
【登録区分】文化遺産
【登録基準】①②③④⑥

テオティワカンは、紀元前2世紀から紀元6世紀まで各地に大きな影響を与えたテオティワカン文明の中心となった南北アメリカ大陸最大の都市遺跡である。

紀元前2世紀には小さな集落に過ぎなかったテオティワカンだが、メキシコ盆地南部のシトレ火山が噴火し、その溶岩が栄えていたクイクイルコの町を覆ってしまったため、この地に新たな都市が築かれることとなった。テオティワカンが最盛期を迎えたのは紀元5世紀頃で、人口も20万人近くと、現在の東京都港区とほぼ同じ規模だった。しかし、人口の集中にインフラが整わず、それと同時に干魃《かんばつ》などが発生して治安が次第に悪化する。紀元6世紀を過ぎると20万人もの人々がどこかへ消え去った。

テオティワカンで私たちの目を引きつけるのは、やはり「太陽のピラミッド」と「月のピラミッド」だろう。太陽のピラミッドは、傾斜する基盤に垂直な粗石の板をはめ込み、そこに日干しレンガを積み上げていくという方法で築かれた。

現在は石が露出しているため、土色の巨大な塊にしか見えないが、かつてはピラミッドの全面が赤い漆喰で覆われており、内部も美しく彩色されていた。しかも、春分と秋分の日だけ太陽がピラミッドの頂上を通過する位置に建てられ、その日、ピラミッドは光彩に包まれ、ちょうど後光に包まれたような光景になるという。

月のピラミッドは太陽のピラミッドよりも一回り小さいが、実は月のピラミッドは傾斜地に建てられているのだ。太陽のピラミッドよりもはるかに高度な建築技術が使われていたようだ。しかも、内部に施された彫刻も太陽のピラミッドを超える細密さである。

巨大ピラミッドは9000年以上も前に造られていた？

テオティワカンには、この月のピラミッドを起点にし、太陽のピラミッドの前を通る幅50メートルという巨大な道が横たわっている。これは「死者の道」と呼ばれるが、この名前もテオティワカンの謎の一つである。なぜなら、普通なら都市の中心を走る道は「王道」と呼ばれるべきもので、死は忌み嫌われていたからである。

このことから、テオティワカンの人々は死を人生の完成と捉えていたのだろうと指摘する専門家もいる。死者の道は、北から東の方向に15度30分だけ傾いていて、途中にはこの死者の道とほぼ直角に交わる道が造られている。実は、この2つの道は星の運行と深い関係があり、北は北斗七星の最も明るいアルファ星、東はシリウス、西はスバルの方向を正しく示している。もしかすると、彼らにとって死とは、これらの星に帰還することだったのではないだろうか……。

たとえこれが荒唐《こうとう》無稽《むけい》な話だったとしても、テオティワカンの人たちが、遠くに明滅する星にピタリと方向を合わせて道を造ったり、太陽が昇る位置と巨大建造物の位置を合わせることができたことは驚きに値する。現代の技術をもってしても、こうした微調整が難しいことは、アブ・シンベル大神殿のケースでも紹介した通りである。

すでに述べた通り、テオティワカンの遺跡は紀元前2世紀から紀元6世紀頃に造られたといわれているが、アメリカの地質学者ジョージ・ハイド

テオティワカンの三大建造物のひとつ、「月のピラミッド」。人間や動物を生贄に捧げたとみられる埋葬跡が発見された。

は「紀元前2世紀より、少なくとも7000年以上前のものだ」と主張している。彼は、ピラミッドの上を覆っている岩の一部を採取し、最先端の分析技術で測定した結果、この年代を割り出したという。さらに、ピラミッドの基底部の下の地層も地質学的に分析したが、そこの年代は、なんと9000年以上前のものと主張している。

ハイドの説が正しいとすると、テオティワカンの太陽のピラミッドは9000年以上前に何者かによって造られ、2000年前頃にテオティワカンの人たちによって修復され、アステカ人が発見するまで密林の奥で眠り続けていたことになる。9000年前にこのような精密かつ巨大な建物を建てることができたのは、いったいどんな人々なのか。

ちなみに、テオティワカンとは「神々の集う場所」という意味で、これは後にここを訪れたアステカ人による命名だ。彼らが神々という言葉を使ったのは、太陽のピラミッドや月のピラミッドなどが整然と配置されているこの町の様子が、アステカ人たちが信じてきた古代マヤからの宇宙観を反映するものだったからだという。

つまり、その宇宙観を伝えた者と、テオティワカンを造り上げた者が同一人物だった可能性も出てくる。この遺跡も古代マヤ人たちが造ったというのだろうか。そして、そのマヤ人たちの正体とは……。

密林にそびえるマヤの神殿の偉容
パレンケ

翡翠の仮面（メキシコ国立人類学博物館蔵）。340片の翡翠と4片の貝殻、2片の黒曜石で作られている。

【登録名】古代都市パレンケと国立公園
【所在地】メキシコ・チアパス州
【登録年】1987年
【登録区分】文化遺産
【登録基準】①②③④

パレンケはメキシコ・ユカタン半島の南部にあるマヤ文明の神殿建築遺構群である。マヤ文明古典期後期の7～8世紀頃に繁栄したと考えられ、宮殿を中心として造られた町は、マヤ遺跡の典型といわれている。町のエリアは東西10キロにも及び、チアパス州パレンケ村近郊にあることから「パレンケ」と名付けられた。

このように大規模な町にもかかわらず何らかの理由で人々に捨てられ、鬱蒼《うっそう》とした熱帯雨林に埋没して忘れ去られていたが、18世紀にスペイン人の手によって発見される。だが、厳しい自然環境から発掘はいっこうに進まず、本格的な調査が始まったのは発見から１００年を経た１９４８年のことだった。

パレンケを代表する建物は「碑銘の神殿」と呼ばれる高さ20メートルを越すピラミッドである。１９５２年、その基底部から発見された墓は、横４メートル×縦９メートルという大きなもので、壁面には墓を守る盛装した９人の神官の姿が浮き彫りされていた。そして、そこに置かれた横２メートル×縦４メートルほどの石棺のなかからは、翡《ひ》翠《すい》の仮面を付けた人物の遺体とともに、無数の副葬品が発見されたのだ。

当時、翡翠は最高の宝石とされていた。そんな貴重で高価な仮面をかぶっていたことから、当初この遺体はパレンケ王朝第11代のパカル王と思われていた。しかし、その後の調査で、この遺体の推定死亡年齢は40歳と判明したのだ。パカル王は80歳で亡くなったとされているため、この遺体が王のものであることは否定された。

しかも、碑文を見ても埋葬された人物がパカル王であることは一言も書かれておらず、ただ「ハラチ・ウィニク（真実の人）」とあるだけだった。この「真実の人」が誰なのかは、今もわかっていない。なかには、この「真実の人」とは、ほかの天体から飛来してきた異星人、もしくは異星人の指示を受けて人々を導いた指導者だったに違いない、と主張する専門家もいる。

たしかに、このパレンケは古代マヤ文明のなかで唯一、墓を主体にしたことがわかって

パカル王が統治したマヤ文明古典期後期を代表するパレンケ遺跡の大宮殿は、鬱蒼と茂るジャングルに忽然と姿をあらわす。

いる遺跡なのだ。つまり、ここに埋葬されているのは、王以上に人々から尊敬されていた人物ということになるわけだ。

古代マヤ人は、異星人と密接なコンタクトをとってきたという説がある。その仲立ちとなったのが、この真実の人だという。異星人のテクノロジーと文化を古代マヤ人たちに伝えてきた真実の人は、やがて命を終えた。古代マヤ人たちは真実の人の死を深く悼み、彼を偲んで壮麗なピラミッド墓を造り、丁重に葬ったのではないか……。

パレンケの「碑銘の神殿」。古代マヤ人は、「あの世」が9層に分かれていると信じていた。チチェン・イッツァのククルカンの神殿も、9層からなるピラミッドである。

写真協力

株式会社アマナイメージズ
P4, P9, P10, P13, P16, P19, P21, P23, P25, P27, P29, P30, P33, P37, P39, P45, P47, P49, P51, P53, P55, P58, P61, P63, P65, P67, P68, P71, P73, P74, P77, P79, P80, P83, P85, P86, P89, P91, P93, P94, P97, P99, P100, P102, P103, P105, P107, P109, P111, P113, P114, P117, P119, P121, P123, P125, P127, P128, P133, P131, P135, P137, P139, P140, P141, P143, P145, P146, P149, P151, P153, P155, P156, P159, P161, P163, P165, P167, P169, P171, P173, P175, P177, P179, P181, P182, P185, P187, P188, P191, P193, P195, P197, P199, P201, P203, P205, P207, P209, P211, P212, P214, P215, P217, P219, P221, P223, P225, P227, P229, P230, P231, P233, P235, P237, P238, P241, P243, P247, P249, P251, P252, P255, P257, P258, P261, P263, P265, P267, P268, P271, P272, P275, P278, P281, P283, P285, P286

P13:© National Portrait Gallery, London /amanaimages
P15:© RMN/Hervé Lewandowski/AMF /amanaimages
P35:© RMN (Château de Versailles)/Daniel Arnaudet / Gérard Blot/ AMF /amanaimages
P43:© Paris - Musée de l'Armée, Dist. RMN/Pascal Segrette/AMF / amanaimages
P97:2014Photo Austrian Archives/Scala Florence/amanaimages
P125:© Folco Quilici © Fratelli Alinari/AMF /amanaimages
P181:RMN-Grand Palais (musée Guimet, Paris) / Thierry Ollivier / amanaimage

株式会社アフロ
P15, P35, P55:The Bridgeman Art Library/アフロ
P41:Mary Evans Picture Library/アフロ
P56:SIME/アフロ
P59:早坂正志/アフロ
P60:押田美保/アフロ
P83:富井義夫/アフロ
P245:Minden Pictures/アフロ
P277:HEMIS/アフロ

P131:上智大学アジア人材養成研究センター

平川陽一　ひらかわ・よういち
1946年東京都生まれ。早稲田大学文学部仏文学科卒。光文社カッパ・ブックス編集部で『冠婚葬祭入門』(塩月弥栄子著)のシリーズなどを担当。その後、編集企画プロダクションを設立。ビジネスや歴史ミステリーなどを中心に著作を発表している。著書に『世界遺産・封印されたミステリー』『47都道府県・怖くて不思議な物語』(以上、PHP研究所)、『いちばん行きたい世界遺産ベストセレクション88』(新人物往来社)など。また、執筆に関わったものに『頭がいい人の敬語の使い方』(日本文芸社)、『大人のマナー常識513』(PHP研究所)などがある。

本作品は当文庫のための書き下ろしです。

ビジュアルだいわ文庫

ディープな世界遺産《せかいいさん》

著　者　平川陽一《ひらかわよういち》

2014年4月15日第一刷発行

発行者　佐藤 靖
発行所　大和《だいわ》書房
東京都文京区関口1-33-4　〒112-0014
電話03-3203-4511
装幀者　福田和雄(FUKUDA DESIGN)
本文デザイン DTP　朝日メディアインターナショナル株式会社
編集協力　岡崎博之
本文印刷　歩プロセス
カバー印刷　歩プロセス
製　本　ナショナル製本

ISBN978-4-479-30478-4
乱丁本・落丁本はお取り替えいたします。
http://www.daiwashobo.co.jp/